AF565781

MAXIMILIAN CLEMENS

FÜHRUNGS KRAFT AKTIVIEREN

Der persönliche Leadership Mentor
für junge Führungskräfte

Alle Ratschläge in diesem Buch wurden vom Autor und vom Verlag sorgfältig erwogen und geprüft. Eine Garantie kann dennoch nicht übernommen werden. Eine Haftung des Autors beziehungsweise des Verlags für jegliche Personen-, Sach- und Vermögensschäden ist daher ausgeschlossen.

www.edition-lunerion.de

Für Fragen und Anregungen:
info@edition-lunerion.de
Auflage 2024

Inhalt

Vorwort 1

Entdecke deine FührungsKRAFT! 2

Finde **dein** Leadership! 3

Übung macht den Meister 7

...und so startest du deine Reise 8

Die Besonderheiten junger Führungskräfte 9

Herausforderungen und Chancen junger Führungskräfte 13

Umgang mit Altersunterschieden und Respekt als junge Führungskraft ... 18

Mit Authentizität und Selbstvertrauen als junge Führungskraft überzeugen 29

Die Grundlagen der Führung 39

Die Rolle einer Führungskraft verstehen 39

Eigene Stärken und Schwächen als Führungskraft erkennen 49

Authentizität und Führung: Das Fundament erfolgreicher Führung 53

Führungskompetenzen entwickeln 63

Kommunikation: Die Schlüsselkompetenz für Führungserfolg 64

Konfliktmanagement: Umgang mit Herausforderungen in der Führungsrolle 70

Entscheidungsfindung: Die Kunst, kluge Entscheidungen zu treffen 74

Die Führungskraft als Motivator 77

Mitarbeiter inspirieren und motivieren 77

Förderung von Teamgeist und Zusammenarbeit 80

Anerkennung und Wertschätzung: Der Schlüssel zur Mitarbeiterbindung 81

Effektives Zeitmanagement für Führungskräfte 82

Prioritäten setzen und Zeitdiebe erkennen 82

Delegieren: Die Kunst, Verantwortung abzugeben 85

Work-Life-Balance: Die eigene Energie und Gesundheit als Führungskraft schützen 90

Umgang mit Herausforderungen 93

Umgang mit Stress und Druck in der Führungsrolle 93

Kritik und Feedback konstruktiv nutzen 97

Veränderungen und Unsicherheiten in der Führung bewältigen 99

Mentoring und Networking für junge Führungskräfte 100
Die Bedeutung von Mentoring in der persönlichen Entwicklung 100
Ein starkes Netzwerk aufbauen und nutzen 104
Mentoring-Beziehungen pflegen und langfristig davon profitieren 109

Die FührungsKRAFT aktivieren – Praxisübungen und Workbook...... 111
Individuelle Skills 111
Reflexionsfragen zur eigenen Führungskraft 128
Advanced Skills: Systemische Fragetechniken 130
Zielsetzungen und individuelle Entwicklungspläne erstellen 135
Praxisübungen für den Transfer des Gelernten in den Führungsalltag ... 148

Nutze dein Potential! 151

Vorwort

Du interessierst dich für die Position einer Führungskraft oder hast sie gerade sogar erhalten? Herzlichen Glückwunsch! Du stehst vor einer neuen, spannenden Herausforderung in deinem Leben. Eine Herausforderung, die dir sehr viel Sinn geben kann. Sicherlich bist du hochmotiviert und freust dich auf die neue Zeit. Wenn du das erste Mal die Leitung innehast, kommen damit aber sicherlich auch viele Fragen. Wie führe ich ein Team richtig? Welche besonderen Fähigkeiten muss ich mitbringen? Wie halte ich meine Mitarbeiter motiviert? Wie viel Kontrolle ist angebracht und wie viel Vertrauen sollte ich ihnen schenken? Darum, wie man ein Team oder gar ein ganzes Unternehmen leitet, drehen sich viele Fragen. Anfangs kann die Fülle der Fragen recht erschlagend sein. Doch verzweifle nicht. Indem du dieses Buch in den Händen hältst, hast du bereits einen wichtigen Schritt unternommen.

In den folgenden Kapiteln wirst du alles darüber lernen, was eine gute Führungskraft ausmacht. Du erhältst eine umfassende Einführung in das Thema. Im Anschluss erwarten dich mehrere Kapitel zu den wichtigsten Bereichen. Dazu gehören die Themen Motivation und Kommunikation. Du lernst außerdem etwas über deine Work-Life-Balance. Am Ende des Buches findest du einen Praxisteil. Auch während des theoretischen Teils erwarten dich immer wieder kleine Übungen und Tipps. Im praktischen Teil am Ende dieses Buches findest du außerdem die wichtigsten Übungen zu bestimmten Themen. Diese Übungen kannst du zuhause durchführen. Damit bist du bestens auf die Praxis vorbereitet. Denke daran, dass es ein weiter Weg sein kann. Du wirst dich dein ganzes Leben lang immer weiterentwickeln. Das gilt auch für die Kompetenzen deiner Leitungsposition. Doch mit jedem kleinen Schritt, mit jeder Übung und jeder Erfahrung wirst du lernen und wachsen. Also lass dich nicht weiter aufhalten und steige gleich ins Thema ein.

Entdecke deine FührungsKRAFT!

Das Thema Führungskraft kann sehr umfangreich und für neue Leader (aus dem Englischen = Führer) anfangs etwas überwältigend sein. Schließlich geht mit der Position jede Menge Verantwortung einher. Doch keine Sorge: Mit ein wenig Verständnis für die Bedeutsamkeit der Rolle auf allen Ebenen wird es dir gelingen, das Beste aus deiner führenden Position herauszuholen. In diesem ersten Kapitel erhältst du eine Einführung in das Thema.

- Was macht eine Führungskraft überhaupt aus?
- Welche Rolle spielt das Führen eines Unternehmens für dessen Erfolg?
- Wie wird dir dieses Buch dabei helfen, deine Rolle bestmöglich wahrzunehmen?

Diese und viele andere Fragen werden im Folgenden beantwortet, sodass du nach dieser Einführung tiefer in die Thematik einsteigen kannst. In diesem Sinne: Viel Erfolg!

FINDE DEIN LEADERSHIP!

Der Begriff *Leadership* kommt aus dem Englischen und bedeutet so viel wie *Führungsrolle*. Die Führungsrolle ist für den Erfolg eines Unternehmens maßgeblich. Ein guter Leader kann dazu beitragen, Mitarbeiter zu motivieren, gute Arbeitskräfte zu fördern und langfristig im Unternehmen zu halten, die Produktivität zu steigern und den Ruf des Unternehmens bei Kunden und potenziellen neuen Arbeitskräften zu verbessern. Selbstverständlich spielen für den Gesamterfolg eines Unternehmens eine Reihe von Faktoren eine wichtige Rolle. Nicht zu unterschätzen ist beispielsweise auch der Wirtschaftssektor. Selbst ein Unternehmen mit einer großartigen Führung wird Schwierigkeiten haben, wenn sich das Land gerade allgemein in einer gesellschaftlichen Krise oder einem Umschwung befindet. Eine gute Unternehmensführung kann jedoch das vorhandene Potenzial einer Firma, gerade in solchen Zeiten, voll ausschöpfen. Dadurch können zukünftige Krisenzeiten besser überstanden werden. Vor allem aber wird der Erfolg in der Gegenwart deutlich erhöht. Außerdem spielen auch das richtige Marketing, die gesellschaftliche Stimmung, die politische Situation und die Nützlichkeit der Produkte und Dienstleistungen eines Unternehmens eine wichtige Rolle für den Erfolg.

Die Rolle einer Führungskraft ist sehr umfangreich. Im Grunde umfasst sie alles, was notwendig ist, um den gängigen Tagesablauf des Unternehmens zu gewährleisten und bestmöglich zu gestalten. Auf den ersten Blick scheint eine Führungskraft vor allem Aufgaben delegieren, also an andere übertragen, und Entscheidungen treffen zu müssen. Daneben liegen allerdings noch viele andere Faktoren in ihren Händen. Darunter befinden sich auch zahlreiche unternehmerische Erfolgsfaktoren. Zu den wichtigsten gehören:

- Das Setzen von klaren Zielen
- Das Schaffen gut organisierter und hilfreicher Strukturen
- Das Schaffen von Raum für Innovationen, Freiraum und Ideen
- Motivation und Förderung von Mitarbeitern
- Krisenmanagement

Wer sich sicher in der Rolle der Führungskraft ist, hat einen ganz entscheidenden Vorteil in der Arbeitswelt. Führungskräfte müssen häufig Entscheidungen treffen, die kurzfristig oder unbequem sind. Das bedeutet, sie müssen selbstbewusst dahinterstehen. Wenn du dies kannst, wirst du es wesentlich leichter haben, die Entscheidungen nicht nur durchzusetzen, sondern auch von den Mitarbeitern respektiert und akzeptiert zu werden. Eine sichere Führungsrolle kann sich positiv auf die Unternehmenskultur auswirken. Kannst du dich in diesem Rahmen behaupten, wird es leichter für dich sein, Mitarbeiter langfristig zu halten. Daneben wird sich auch dein eigener Karriereweg deutlich angenehmer gestalten. Kannst du dich beispielsweise in kleinen Teams beweisen, wirst du schneller die Möglichkeit erhalten, auch als Leitung größerer Gruppen eine Chance zu erhalten.

Das Motivieren und Halten von Mitarbeitern ist ein weiterer wichtiger Faktor. Motivierte Mitarbeiter arbeiten nachweislich besser und produktiver. Studien zeigen, dass einer der wichtigsten Hauptgründe dafür, dass Mitarbeiter ein Unternehmen verlassen, die Führungskraft ist. Eine schlechte Führungskraft kann für Chaos sorgen. Mitarbeiter können sich außerdem durch einen unangenehmen Führungsstil schnell demotiviert fühlen. Gute Mitarbeiter möchten nicht nur Aufgaben delegiert bekommen. Sie suchen nach gewissen Freiheiten und Raum für kreative Ideen. Sie wünschen sich in der Regel ein gewisses Maß an Flexibilität. Gleichzeitig muss es in vielen Fällen auch klare Strukturen, Ziele und Ordnung geben. Nur so können alle gemeinsam an einem Strang ziehen und ein System erstellen, das den Tagesablauf möglichst routiniert und einfach macht. In deiner Führungsrolle kannst du all dies stützen und fördern.

Leadership ist einer der Hauptfaktoren für die Mitarbeiterbindung. Fühlen sich Mitarbeiter gesehen und gefördert, sind sie eher dazu geneigt, langfristig in einem Unternehmen zu bleiben. Schließlich haben sie vor Ort reichlich Entfaltungsspielraum und genießen eine zufriedenstellende Arbeitskultur. Finden sie all dies nicht, sind sie deutlich eher dazu geneigt, das Unternehmen zu wechseln. Ein Unternehmen, das ständig Mitarbeiterwechsel erlebt, wird langfristig auch weniger Erfolge verzeichnen. Nicht nur, dass die guten Mitarbeiter die Firma verlassen und damit ein wichtiger Erfolgsfaktor des Unternehmens fehlt – auch kostet das Einarbeiten neuer Mitarbeiter reichlich Ressourcen. Schließlich ist die Einarbeitung stets mit viel Zeit und Aufwand verbunden. Außerdem spricht sich ein schlechter Ruf innerhalb der Branche schnell herum. Dadurch wird es langfristig immer schwieriger, gute und zuverlässige Mitarbeiter zu finden, die sich überhaupt erst auf offene Positionen bewerben.

Um die Mitarbeiterbindung zu stärken, kann ein Unternehmensführer sehr viel versuchen. So gehört es beispielsweise zu den Aufgaben einer Unternehmensführung, ausreichend Raum für Flexibilität und kreative Ideen zu schaffen. Auch Raum für Feedback sollte stets gegeben sein. Daneben ist es jedoch wichtig, Mitarbeiter gezielt so einzusetzen, dass deren Stärken bestmöglich genutzt werden. Das gewährleistet einerseits, dass die Arbeiten optimal erledigt werden, und sorgt andererseits dafür, dass sich Mitarbeiter mit ihren individuellen Fähigkeiten gesehen und gehört fühlen. Dies ist nur eines von vielen Beispielen, die du im späteren Verlauf des Buches kennenlernen wirst. Es verdeutlicht aber, dass die Unternehmensführung nicht nur für die Mitarbeiterbindung verantwortlich ist, sondern auch ressourcensparend im Unternehmen agiert. Werden Mitarbeiter so eingesetzt, dass ihre Stärken bestmöglich zur Geltung kommen, erleichtert das die Arbeit und spart reichlich Zeit und Kosten.

Junge Führungskräfte haben es oft nicht leicht, sich in einem erfahrenen Team zu etablieren. Damit du einen guten Start hast, erhältst du direkt hier ein paar Tipps, wie es dir gelingt, dich in einem erfahrenen Team zu beweisen.

1. Gib dir Zeit. Veränderungen benötigen Zeit. Dies gilt vor allem, wenn du auf ein Team triffst, das jahrelang in dem gleichen Unternehmen oder der gleichen Branche arbeitet. Es ist nur allzu verständlich, dass du voller Tatendrang rangehen möchtest, zahlreiche Veränderungen vorzunehmen. Du hast Motivation und viele Ideen. Du siehst dich auch in der Position, frischen Wind in das Unternehmen zu bringen. Denke allerdings daran, dass es für das Team bereits eine große Umstellung sein kann, einen neuen Teamleader zu haben. Dies gilt vor allem dann, wenn es jahrelang mit dem gleichen Teamleader gearbeitet hat. Insbesondere wenn die neue Leitung deutlich jünger ist, kann das Team sich mit Veränderungen schwertun. Versuchst du sofort, alles umzukrempeln, machst du dich wahrscheinlich eher unbeliebt. Daher versuche erst einmal, das Team persönlich kennenzulernen. Schau dir die Arbeitsprozesse an und schau, dass du von einer neuen Perspektive aus erkennst, wo Raum für Veränderung ist. Bisher hast du dies bereits nur von außen betrachten können. Nutze also die Chance und lerne die Prozesse, Strukturen und Teammitglieder von innen kennen.

2. Versuche, dein Team ernsthaft kennenzulernen. Interessiere dich für alle Teammitglieder. Organisiere dafür beispielsweise Einzelgespräche. So kannst du jedes Teammitglied gut kennenlernen und verstehen, welche Wünsche und Anregungen vorhanden sind. Du kannst erkennen, wer welche Stärken und Schwächen mitbringt und wer offener für Veränderungen ist und wer nicht. So gelingt es dir langfristig, dich auf die Bedürfnisse deines Teams einzustellen oder ihnen Veränderungen in einer Form zu vermitteln, die von ihnen besser angenommen wird. Außerdem schaffen solche Gespräche Vertrauen. Erkennen die Teammitglieder, dass du dich ernsthaft für sie interessierst, werden sie dir auch wohlgesonnener entgegentreten. Stelle ihnen gezielt Fragen. Außerdem kannst du durch Gruppengespräche oder sogenannte Küchengespräche viel herausfinden. Gibt es in deinem Unternehmen beispielsweise eine kleine Kaffee- oder Teeecke, in der die Mitarbeiter zusammenkommen und plaudern, kannst du hier viele wertvolle Informationen erhalten. Wie ist die generelle Stimmung im Team? Welche Themen beschäftigen die Mitarbeiter? Was verunsichert die Kollegen? Worüber ärgern Sie sich oder wer ärgert sich über wen? Mit diesen Informationen kannst du deine Teammitglieder besser kennenlernen. Außerdem hilft deine Präsenz häufig auch dabei, dass sich die Teammitglieder an dich gewöhnen. Das heißt natürlich nicht, dass du ständig um sie herum stehen sollst, aber ein bisschen Interesse und Präsenz zahlen sich immer aus.

3. Scheue dich nicht davor, Leistungen respektvoll anzuerkennen. Lobe deine Teammitglieder. Viele Mitglieder werden befürchten, dass ihre vorherigen Leistungen noch nicht gesehen werden. Sie haben wahrscheinlich jahrelang daran gearbeitet, einen guten Ruf zu erhalten und Anerkennung zu finden. Mit einem neuen Teamleader fürchten sie möglicherweise, von vorne starten zu müssen. Daher kann es sehr hilfreich sein, wenn du deinen Teammitgliedern zeigst, dass du einen Blick für ihre bisherigen Leistungen hast. Schau dir die vorherigen Leistungen genau an. Spare nicht mit Lob, wenn es angebracht ist. Fühlen sich deine Teammitglieder wertgeschätzt, werden sie dir auch mehr Respekt entgegenbringen.

4. Verabschiede dich von Mr. Neunmalklug. Sicherlich hast du viele großartige Ideen, die zum Erfolg eines Unternehmens beitragen können. Das will dir auch keiner absprechen. Allerdings solltest du darauf achten, dich nicht wie ein neunmalkluger Besserwisser zu verhalten, wenn du von deinem Team Respekt erhalten möchtest. Auch wenn du nun die Leitung hast, heißt das nicht, dass alles ab sofort rein nach deinem Willen geschehen muss. Nimm lieber die Erfahrung der anderen Mitarbeiter an. Hast du Mitarbeiter, die jahrelang im Unternehmen oder in der Branche tätig sind, können sie dir viele hilfreiche Tipps geben. Natürlich kann sich vieles im Laufe der Zeit verändert haben, es schadet jedoch nicht, hin und wieder um Rat zu fragen. Manche Tipps sind zeitlos. Außerdem hilft es auch, einen Blick für den Wandel zu bekommen. Du förderst damit aktiv den Erfahrungsaustausch und behandelst deine Angestellten auf Augenhöhe.

5. Nutze deine Kompetenz. Möchtest du dich etablieren, solltest du das vor allem durch kompetentes Handeln machen. Natürlich sind Sympathien schön. Allerdings solltest du dich nicht persönlich anbiedern, um Respekt zu erhalten. Eine gute Teamleitung kann durch Kompetenz strahlen. Manchmal kann es ein schwieriger Balanceakt sein, seine Kompetenzen zu zeigen und gleichzeitig bescheiden aufzutreten. Schließlich möchtest du nicht arrogant auftreten. Das heißt allerdings nicht, dass du deine Kompetenz vollständig verstecken solltest. Ganz im Gegenteil. Dort, wo du dir sicher bist und du viel Erfahrung oder viele Ideen hast, solltest du ruhig darüber sprechen. Arbeite an einem souveränen Auftreten. Je kompetenter du bist, desto sicherer wird sich dein Team mit dir fühlen.

6. Lass dich nicht mit Sprüchen abwimmeln. Sind Mitarbeiter für Veränderungen nicht offen, begegnen sie dir womöglich mit Sprüchen wie „Das haben wir schon immer so gemacht“ oder „Das haben wir vor Jahren schon mal versucht und es hat nicht geklappt“. Dies ist jedoch keine besonders gelungene Kommunikation und Argumentation. Nur weil etwas früher nicht funktioniert hat, bedeutet das nicht, dass dies jetzt ebenfalls nicht klappen wird. Selbst wenn ein Prozess schon immer auf die gleiche Art erledigt wurde, heißt das nicht, dass dies die beste und einzige Möglichkeit ist. Vertrete deine Meinung sicher, aber ohne aggressiv zu sein. Allein damit lassen sich schon viele Pluspunkte sammeln. Möglicherweise braucht dein Team ein wenig mehr Motivation. Es kann auch sein, dass eine Idee früher nicht funktioniert hatte, weil die richtige Technik noch nicht vorhanden war. Lasse dir also im ersten Schritt erklären, woran eine Idee früher gescheitert ist, und versuche dann, darzustellen, warum das dieses Mal anders laufen kann. Bleibe dabei stets ruhig, sachlich und respektvoll, auch wenn dir unangenehme Sprüche entgegengeworfen werden. Damit zeigst du dich souverän und kompetent.

Die Führungskraft ist eine umfassende Rolle, doch wer sie richtig versteht, wird nicht nur den eigenen Erfolg, sondern den des gesamten Unternehmens auf ein neues Level bringen können.

Übung macht den Meister

Dieser Ratgeber dient vor allem jungen Führungskräften, um zu lernen, wie sie ein Unternehmen sicher leiten. Für jeden, der neu in der Führungsposition ist oder diese erst in naher Zukunft wahrnimmt, ist dieses Buch ein Leitfaden. Du erhältst Unterstützung bei der persönlichen und beruflichen Weiterentwicklung innerhalb der Führungsrolle. Im Rahmen dessen erhältst du konkrete Tipps und Übungen, um deine eigene *FührungsKRAFT* zu aktivieren. So lernst du nicht nur in der Theorie, sondern kannst mit praktischen Übungen direkt testen, wie du dich am besten weiterentwickelst und wie du dich auf andere auswirkst. Das Sprichwort „Übung macht den Meister“ kommt nicht von ungefähr. Auch die Weiterentwicklung im Rahmen einer Führungsposition lernst du am besten durch die Praxis. Die Theorie kann dir nur eine gewisse Orientierung verschaffen. Erst, wenn du tatsächlich umsetzt, was du in der Theorie gelernt hast, wirst du dich aktiv weiterentwickeln. Daher wollen wir dich an dieser Stelle dazu ermutigen, die Übungen regelmäßig durchzuführen.

...UND SO STARTEST DU DEINE REISE

In diesem Ratgeber erhältst du eine ausführliche Einarbeitung in das Thema Führungskraft. Dir werden zahlreiche Ratschläge und Tipps vermittelt, mit denen du deine Führungsposition gekonnt wahrnimmst.

Das Buch beginnt mit einem umfangreichen Leitfaden über die wichtigsten Führungskompetenzen. Du lernst, zu verstehen, worauf es bei einer guten Führungskraft ankommt und worin die Besonderheiten einer jungen Führungskraft liegen. Dadurch wirst du erkennen, mit welchen besonderen Situationen du sehr wahrscheinlich konfrontiert werden wirst, wie du dich am besten darauf vorbereitest und wie du diese löst.

Im späteren Verlauf des Ratgebers wirst du mit besonderen Details einer Führungsrolle konfrontiert. Dazu gehören beispielsweise das Motivieren der Mitarbeiter und das Meistern von Herausforderungen. So wirst du ausgiebig auch auf die schwierigsten Momente einer Führungsrolle vorbereitet. Krisenmanagement ist, wie bereits zuvor erwähnt, eine der wichtigsten Aufgaben einer jeden Führungskraft. Daher ist es wichtig, einen gesunden und ruhigen Umgang mit schwierigen Situationen zu lernen.

Im Anschluss an die Hauptkapitel findest du ein Workbook mit zahlreichen praktischen Übungen. So kannst du das Erlernte direkt umsetzen. Die Praxis wird dir maßgeblich dabei helfen, das Beste aus deiner Position herauszuholen. Empfehlenswert ist es, die Übungen nicht erst ganz am Ende durchzuführen, da viele der Übungen in Verbindung mit den Inhalten stehen, die du im theoretischen Teil bereits kennengelernt hast. Es ist besonders hilfreich, die Übungen zeitlich parallel einzubauen. So stellst du sofort eine gedankliche Verbindung zwischen der Theorie und der Praxis her. Du kannst die neuen Informationen frisch in die Tat umsetzen und dadurch besser verarbeiten. Daher möchten wir dich dazu motivieren, das Workbook nicht als eine Art Anhang zu sehen, sondern vielmehr als Begleitung und Vertiefung des aktiven Lernprozesses. Wenn du dich bereits in der Führungsposition befindest, setze die Übungen unmittelbar auf der Arbeit ein. So siehst du am besten, wie erfolgreich die Tipps wirken können. Nirgendwo finden die Trainingsmethoden besser Einsatz als dort, wo sie tatsächlich gebraucht werden. Trau dich daher, die Umsetzung direkt im eigenen Arbeitsumfeld anzugehen. Du wirst sehen: Mit ein wenig Selbstvertrauen und dem richtigen Maß an Ehrgeiz wird es dir schnell gelingen, dich in die Führungsrolle einzuarbeiten. Setz dich dabei jedoch nicht unter Druck: Kleine Schritte sind wichtig und dürfen jederzeit zelebriert werden. Große Veränderungen entstehen nicht über Nacht. Sie sind die Summe vieler kleiner Erfolge und benötigen Zeit.

Die Besonderheiten junger Führungskräfte

Eine junge Führungskraft steht vor einzigartigen Herausforderungen, aber auch Chancen. In diesem Kapitel erkunden wir die spezifischen Schwierigkeiten und Möglichkeiten einer jungen Führungskraft. Dazu gehört beispielsweise der besondere Umgang mit Altersunterschieden. Dieser kann etwa mit der Gewinnung von Respekt, aber auch mit dem besonderen Potenzial der Jugend einhergehen. Die meisten Schwierigkeiten bieten auf der Kehrseite auch eine besondere Chance. Daher ist es wichtig, sich stets mit beiden Seiten vertraut zu machen. Du entdeckst Wege, wie du deine Führungskraft mit Authentizität und reichlich Selbstbewusstsein gestalten kannst. So wirst du lernen, auch in jungen Jahren als Führungskraft zu überzeugen.

Viele junge Führungskräfte treten den Job voller Tatendrang und Motivation an. Bei einigen kommt jedoch eine Portion Unsicherheit hinzu. Schließlich ist die Erwartungshaltung hoch. Es gibt eine Reihe von Fehlern, die von vielen jungen Führungskräften wiederholt werden. Die häufigsten Fehler werden dir hier einmal vorgestellt. Nutze sie als Vorbereitung auf die nächsten Kapitel, um dir klarzumachen, welche Verhaltensweisen zu vermeiden sind.

1. Kopieren des Vorgängers. Möglicherweise war dein Vorgänger ein respektabler Führer. Möglicherweise hast du selbst zu ihm aufgesehen. Das alles bedeutet jedoch nicht, dass du versuchen musst, eins zu eins in die Fußstapfen deines Vorgängers zu treten. Denke daran, dass du den Job nicht ohne Grund bekommen hast und dass es möglicherweise Zeit für frischen Wind im Unternehmen ist. Vertraue auf deine eigenen Kompetenzen und versuche, authentisch zu bleiben. Wer sich selbst treu bleibt, hat in der Regel höhere Chancen, sich auf dem Markt zu etablieren. Wenn du versuchst, deinen Vorgänger zu kopieren, wird das meistens ins Negative umschlagen. Egal, wie kompetent dein Vorgänger war, es bedeutet nicht, dass er der beliebteste Anführer war. Andersherum kann es gut sein, dass dein Vorgänger im Team beliebt, aber nicht besonders kompetent gewesen ist. Auch wenn du selbst mit deinem Vorgänger zusammengearbeitet hast, kannst du nie sicher sein, wie es in seinem Innenleben aussah und ob er wirklich so sicher geführt hat, wie es nach außen hin schien. Bleibe dir lieber selbst treu und versuche, dich auf deinen eigenen Führungsstil zu konzentrieren.

2. Ständige Alleingänge. Gerade, wer frisch in die Leitungsposition steigt, hat häufig die Angewohnheit, alle Aufgaben anzupacken und zu übernehmen. Schließlich sind viele junge Führungskräfte dies noch aus ihrer Zeit als Fachkraft gewohnt. Bedenke jedoch, dass es ein Teil der Führungsposition ist, Aufgaben zu delegieren. Du darfst die Aufgaben daher ruhig verteilen. Du solltest sie sogar so verteilen, dass Stärken und Schwächen bestmöglich zur Geltung kommen. Fachaufgaben sollten stets von denjenigen mit den ausreichenden Fachkompetenzen übernommen werden. Vermeide also ständige Alleingänge.

3. Mangelnde Selbstreflexion. Nur wer sich selbst ausreichend reflektieren kann, kann in der Führungsposition sicher sein. Wer keinen guten Blick auf sich selbst hat, wird sich nie entwickeln und verändern können. Als Führungsposition sollte man in sich kehren. Frage dich daher, mit welchen Führungskräften du bisher selbst zu tun hattest. Wie haben sich diese verhalten? Welche Eigenschaften hast du an ihnen besonders geschätzt? Arbeitest du selbst nach dieser Vorlage oder verhältst du dich als Führungskraft ganz anders? Welche Werte möchtest du vertreten und handelst du wirklich nach diesen Werten? Nur wenn du diese Frage ehrlich stellen und beantworten kannst, kannst du dich als Führungskraft etablieren.

4. Fehlende Wertschätzung älterer Mitarbeiter. Viele junge Führungskräfte stehen vor dem Problem, dass sie von älteren Mitarbeitern nicht ausreichend respektiert werden. Sie merken dabei häufig gar nicht, dass dies ein Problem ist, das auf beiden Seiten zu bestehen scheint. Viele ältere Mitarbeiter fühlen sich von jungen Führungskräften ebenfalls nicht gesehen. Das liegt häufig daran, dass junge Führungskräfte versuchen, sich ausreichend Respekt zu erarbeiten, indem sie möglichst wenig Hilfe in Anspruch nehmen. Sie wollen dadurch zeigen, dass sie alleine dazu in der Lage sind, das Team zu leiten. Häufig sind junge Führungskräfte auch für Ideen junger Mitarbeiter offener als für Ideen älterer Mitarbeiter. Das liegt daran, dass sie ähnliche Werte und Ideen gelernt haben und oft flexibler sind. Jüngere Mitarbeiter sind häufig eher dazu bereit, innovative Ideen einzubringen, neue Dinge auszuprobieren und die Entwicklung voranzutreiben. Dies kann bei jungen Führungskräften positiv auffallen. Dabei sollte nie vergessen werden, dass ältere Mitarbeiter mit einem großartigen Erfahrungsschatz glänzen können. Dieser Erfahrungsschatz lässt sich nicht ersetzen. Für Erfolg und Entwicklung benötigt es beides. Daher sollten junge Führungskräfte darauf achten, auch älteren Mitarbeitern ausreichend Respekt und Wertschätzung entgegenzubringen. Dann wird dies sicherlich auch zurückgespiegelt.

5. Scheu vor Konflikten. Konflikte entstehen immer und überall. Im zwischenmenschlichen Zusammensein lassen sie sich nicht vermeiden. Es ist jedoch wichtig, einen souveränen Umgang mit Konflikten zu lernen. Versuche, Konflikten nicht aus dem Weg zu gehen. Stelle dich ihnen lieber souverän.

6. Übereilte Entscheidungen treffen. Übereilte Entscheidungen und Veränderungen sind selten eine gute Idee. Frei nach dem Sprichwort „Gut Ding will Weile haben“ solltest du stets Zeit geben. Versuche, nichts in Eile zu erledigen und überdenke kleine Entscheidungen stets gründlich. Gib Veränderungen Zeit und denke ein Schritt nach dem anderen.

Zu all den hier angesprochenen Themen findest du im Verlauf des Buches weiteren Input. Sich als junge Führungskraft zu etablieren, kostet Zeit. Mit den richtigen Tipps und Tricks wird es dir jedoch gelingen. Für den Beginn findest du hier noch ein paar zusätzliche Tipps für Akzeptanz am Arbeitsplatz:

1. Folge deinem eigenen Führungsstil. Es kann eine Weile dauern, deinen eigenen Führungsstil zu finden. Gib dir Zeit und Ruhe. Sobald du dich in die Rolle eingefunden hast, wirst du erkennen, mit welchem Führungsstil du authentisch bleiben kannst. Lass dich nicht davon überzeugen, dass es einen besten Führungsstil für jeden gibt. Der beste Stil ist der, mit dem du dich wohl fühlst und deinen Werten treu bleiben kannst.

2. Lerne, Aufgaben zu delegieren. Dies kann ungewohnt sein, da, wie bereits angesprochen, viele junge Führungskräfte es noch gewohnt sind, selbst mit anzupacken. In einem gewissen Rahmen ist dies möglicherweise sogar nützlich. Allerdings ist es für das gesamte Unternehmen wesentlich nützlicher, wenn Aufgaben nach Stärken und Schwächen verteilt werden.

3. Triff Entscheidungen klar und überlegt. Gehe bedacht an jede Situation heran. Hast du eine Entscheidung getroffen, kommuniziere sie direkt und deutlich. Können deine Mitarbeiter sehen, dass du entschlossen handelst und dich auch in schwierigen Situationen nicht beirren lässt, werden sie deutlich mehr Bereitschaft zeigen, deinen Ideen zu folgen.

4. Gib Lob und Kritik ehrlich. Bleibe dabei immer respektvoll, damit sich deine Mitarbeiter wertgeschätzt fühlen. Ein Umgang auf Augenhöhe kann viel ausmachen.

Behalte diese wertvollen Tipps im Hinterkopf. In diesem Sinne viel Erfolg mit den nächsten Kapiteln.

Herausforderungen und Chancen junger Führungskräfte

Die Position der Unternehmensleitung geht immer mit besonderen Schwierigkeiten, aber auch mit besonderen Möglichkeiten einher. Schließlich hat die Leitung reichlich Verantwortung. Gleichzeitig hat sie aber auch besonders großen Spielraum, Veränderungen im Unternehmen vorzunehmen. Neben den alltäglichen Herausforderungen einer jeden Führungskraft werden junge Führungskräfte oftmals mit ganz besonderen Schwierigkeiten konfrontiert. Zu diesen gehören vor allem die folgenden:

- Weniger Erfahrung
- Reichlich Altersunterschiede
- Mehr Raum für Selbstzweifel

Daneben erhalten junge Menschen in Führungspositionen jedoch auch besondere Möglichkeiten. Zu diesen gehören insbesondere:

- Besonderes Maß an Agilität und Anpassungsfähigkeit
- Besondere Energie und Begeisterung für die Arbeit
- Innovativer Input

Mangelnde Erfahrung in jungen Jahren

Zu den größten Herausforderungen einer jungen Führungskraft zählt die mangelnde Erfahrung. Junge Führungskräfte haben bei weitem noch nicht so viele Möglichkeiten gehabt, Erfahrungen in verschiedenen Bereichen zu sammeln. Das betrifft nicht nur die fachlichen Kompetenzen, sondern auch oder sogar vielmehr die Verantwortung. Selbst, wer schon Berufserfahrung gesammelt hat, war als junge Führungskraft noch nicht viel mit dem hohen Maß an Verantwortung konfrontiert. Dies kann eine besondere Herausforderung sein. Der richtige Umgang mit diesem hohen Maß an Verantwortung muss erst gelernt werden. Damit dir das gelingt, wirst du in diesem Buch lernen, wie du Führungskompetenzen zuverlässig entwickelst. Auch über ein selbstbewusstes Auftreten wirst du so einiges erfahren. Am Ende dieses Buches wirst du mit dem nötigen Selbstbewusstsein und Selbstvertrauen herausgehen, um Verantwortung zu übernehmen – trotz geringer Berufserfahrung. Es kann sein, dass es dich ein wenig Überzeugungskraft kostet, doch mit der richtigen Herangehensweise werden dir bald auch die älteren Mitarbeiter mit Respekt und Vertrauen begegnen.

Altersunterschiede und Respekt

Respekt und Vertrauen von älteren Mitarbeitern zu erhalten, ist generell eine der höheren Schwierigkeiten einer jungen Führungskraft. Altersunterschiede machen sich nicht nur in der Berufserfahrung bemerkbar, sondern häufig auch im Umgang miteinander. Ältere Mitarbeiter werden möglicherweise Schwierigkeiten haben, eine junge Führungskraft auf Anhieb zu akzeptieren. Sie erwarten sehr wahrscheinlich einen besonders respektvollen Umgang und werden unter Umständen sogar neidisch auf den schnellen Karriereaufstieg einer jungen Führungskraft sein. Das gilt natürlich nicht pauschal für jeden Mitarbeiter, der älter ist – es kann aber eine der hervorstechenden Anfangsprobleme sein. Wenn du lernst, wie du das Vertrauen der älteren Mitarbeiter gewinnst, werden sie dir jedoch bald mit großem Respekt begegnen. Im Verlauf dieses Buches werden die wichtigsten Themen für die Gewinnung von Vertrauen besprochen. Du lernst, Verantwortung zu übernehmen, dein Können unter Beweis zu stellen, effektiv zu kommunizieren und Mitarbeiter zu motivieren.

Raum für Selbstzweifel

Eine der wichtigsten Aufgaben einer jungen Führungskraft ist es, zu lernen, an Selbstzweifeln zu arbeiten. Wer als junge Person in eine Führungsposition gerät, wird mit reichlich Druck umgehen müssen. Generell müssen sich junge Menschen in der Arbeitswelt häufig stärker beweisen als Menschen mittleren Alters (in hohen Jahren dreht sich dies dann oftmals wieder um). Zudem sind junge Menschen geradezu prädestiniert, mit hohen Selbstzweifeln zu kämpfen. Während ältere Mitarbeiter diese Phasen bereits überwunden und durch jahrelange Berufserfahrung und Erfolge mehr Sicherheit gewonnen haben, haben junge Menschen vielfach noch mit Schwierigkeiten zu kämpfen. Dies ist jedoch kein Problem, das sich nicht überwinden ließe. In diesem Buch wirst du auch lernen, wie du mehr Selbstvertrauen gewinnst, um die Position der Leitung sicher und tatkräftig zu bekleiden.

Chancen nutzen! Agilität und Anpassungsfähigkeit

Neben all den Herausforderungen ist nicht zu missachten, welche Chancen die junge Führung bietet. Junge Menschen haben in der Regel ein besonderes Maß an Agilität (aus dem Lateinischen für Beweglichkeit) und Anpassungsfähigkeit. Sie sind selbst noch in der Findungsphase und offen für Neues. Nicht selten sind sie beispielsweise sehr flexibel. Das liegt teilweise am Alter, aber auch an der Energie, die viele junge Mitarbeiter noch besitzen. Sie haben in ihrem Leben noch nicht viele Berufserfahrungen sammeln können und sind besonders offen für neue Ideen. Wer hingegen bereits sehr lange im Berufsleben ist, hat sich oftmals so sehr an bestehende Strukturen gewöhnt, dass Veränderungen sehr viel schwerer fallen. Für eine Führungskraft ist es in vielen Situationen besonders wichtig, anpassungsfähig zu sein. Schließlich kann es vor allem in Krisenzeiten dazu kommen, dass Entscheidungen schnell getroffen werden müssen. Auch wird es Situationen geben, in denen ein Plan nicht funktionierte und innerhalb kurzer Zeit eine neue Idee oder Entscheidung gefunden werden muss. Mit dem schnellen Wandel der Technologie müssen zudem in diesem Bereich immer wieder neue Strukturen geschaffen werden. Eine Leitung muss also flexibel bleiben. Als junger Mensch hast du hier generell einen Vorteil.

Energie der Jugend

Neben dem hohen Maß an Flexibilität bringen junge Menschen in der Regel auch eine besondere Energie und Begeisterungsfähigkeit für den Beruf mit. Auch dies wirkt sich positiv auf das Führungsmodell aus. Menschen folgen einer Leitung viel gewillter, wenn diese begeisterungsfähig und motivierend ist. Junge Menschen haben häufig noch Energie und eine ganz andere Motivation für ihren Job. Sie sehen das Entwicklungspotenzial und viele Chancen in der Zukunft wesentlich deutlicher. Sie haben Wünsche, Träume und Ziele, auf die sie hinarbeiten möchten – eine Fähigkeit, die im Alltag älterer Menschen leider häufig beiseite rückt. Gerade auch die erste Übernahme einer Leitungsposition kann einen besonderen Motivationsschub geben. Diese Energie und Motivation übertragen sich, wenn sie ehrlich sind, schnell auf andere.

Da motivierte Mitarbeiter deutlich zum Unternehmenserfolg beitragen, kann es ein großer Vorteil sein, wenn diese Energie noch vorhanden ist. Fällt dir das Motivieren und Begeistern anderer leicht, wirst du schnelle Erfolge verzeichnen. Mehr Tipps zur Motivation von Mitarbeitern erfährst du in einem gesonderten Abschnitt.

Innovativer Input

Letztlich können junge Führungskräfte auch einen besonderen Input geben. Sie sind mit modernen Technologien meistens bereits deutlich besser vertraut als viele ältere Mitarbeiter. Sie haben eine frische Perspektive, neue Ideen und neue Impulse. Sie können Teams dazu anregen, umzudenken, und neue Strukturen ausprobieren, die möglicherweise veraltete Strukturen produktiver ersetzen. Wer jahrelang im gleichen System gearbeitet hat, hat mit Veränderungen oftmals größere Schwierigkeiten. Junge Führungskräfte haben es hier leichter, weil sie neu einsteigen und innovative Ideen direkt ausprobieren können.

Alles in allem gibt es einige Herausforderungen, wenn man als junger Mensch in die Leitung einsteigt. Neben diesen Herausforderungen sollten jedoch die besonderen Chancen und Vorteile einer jungen Führungskraft nicht vergessen werden. In den folgenden Kapiteln wirst du reichlich Informationen darüber erhalten, wie du mit den Schwierigkeiten am besten umgehst. Es kann stellenweise ein steiniger Weg werden, aber es wird sich auszahlen, diesen zu gehen. Daher: Nur Mut!

An dieser Stelle zwei Praxisbeispiele für junge Führungskräfte:

Praxisbeispiel A: Von einer Idee überzeugen
Wenn du eine neue Idee anbringst, solltest du keine absolute Begeisterung oder gar Lob für die Idee erwarten. Bereite dich lieber gut vor und präsentiere den anderen die wichtigsten Zahlen, Informationen und Fakten im Merkblatt. Zu jeder Frage sollte es eine passende Antwort geben. Wird eine Idee abgelehnt, testet dies deine Stabilität, dein Selbstvertrauen und deine Konfliktlösungsfähigkeiten. Sei mutig und frage selbstbewusst nach Gründen für die Ablehnung. Zeige Verständnis, wenn nach mehrfacher Aufforderung und einer respektvollen Diskussion immer noch keine Begeisterung zu sehen ist. So zeigst du, dass du kein Interesse daran hast, eine Idee eigennützig umzusetzen. Frage aber ruhig nach, in welchen Bereichen neue Impulse gewünscht sind. Wo sind Baustellen, an denen du arbeiten kannst? Welche Veränderungen sind seit langem erwünscht?

Praxisbeispiel B: Die Beschwerde eines Kollegen
Du wirst beiseitegenommen, weil sich ein Kollege über dich beschwert hat. Der Kollege hat dir gegenüber jedoch noch keinen Kommentar abgegeben. Dein Vorgesetzter erklärt dir, dass ein klärendes Gespräch angebracht ist. In diesem Fall ergibt es keinen Sinn, einem Kollegen gegenüber eine verständnisvolle Haltung zu zeigen. Positioniere dich stattdessen klar und setze deine Grenzen. Besprich den Fall privat mit deinem Kollegen. Frage ihn kurz nach dem Grund seiner Beschwerde und teile ihm mit, dass du ein solches Verhalten nicht länger dulden wirst. Wer eine Beschwerde hat, sollte zunächst versuchen, das Problem mit dir persönlich zu klären. Dies darfst du gerne verdeutlichen. Eine Beschwerde hinter deinem Rücken ist maximal dann notwendig, wenn erste Klärungsversuche unter vier Augen gescheitert sind.

Wichtig: Bringe deinen Kollegen nicht vor Mitarbeitern und Führungskräften in Verlegenheit – sonst wird es in Zukunft schwierig, reibungslos zusammenzuarbeiten. Erfrage in jedem Fall den Grund der Beschwerde, suche aber ein Vier-Augen-Gespräch. Deinem Vorgesetzten kannst du später erklären, dass du das Gespräch gesucht hast. Frage deinen Kollegen auch, warum er dich ignoriert hat und direkt den Vorgesetzten kontaktierte. Zeige dich gleichzeitig selbstkritisch und schau, ob die Kritik deines Kollegen angebracht sein könnte. Wenn du deinem Kollegen zeigst, dass du bereit bist, an einer Lösung zu arbeiten, wird das Gespräch sehr viel produktiver.

Umgang mit Altersunterschieden und Respekt als junge Führungskraft

Altersunterschiede können eine große Herausforderung für junge Führungskräfte sein. In diesem Kapitel wirst du erfahren, wie du Altersunterschiede am besten überwindest und dir Respekt auch als junge Führungskraft erarbeitest. Der Umgang mit Altersunterschieden erfordert ein hohes Maß an Empathie. Gelingt dir jedoch eine gute Kommunikation, wirst du bald schon merken, dass Altersunterschiede in deinem Team kaum noch eine Rolle spielen werden.

Empathie

Wer sich in andere gut hineinversetzen kann, hat *Empathie*. Empathie ist eine der wichtigsten sogenannten *Soft Skills* einer jeden Führungskraft.

Definition Soft Skills

Der Begriff *Soft Skills* kommt aus dem Englischen und bedeutet so viel wie „weiche Fähigkeiten". Damit sind Fähigkeiten und Kenntnisse gemeint, die über das Fachliche hinausgehen. Insbesondere betreffen diese Fähigkeiten soziale und kommunikative Bereiche, zum Beispiel:

- Kreatives Denken
- Aktives Zuhören
- Einfallsreichtum
- Flexibilität
- Digitales Learning
- Empathie
- Agilität
- Emotionale Intelligenz
- Teamgeist
- Interkulturelle Kompetenz
- Mediation
- Resilienz
- Selbstvertrauen
- Selbstreflexion
- Belastbarkeit
- Lernbereitschaft
- Sorgsamkeit
- Networking
- Wissensvermittlung
- Und viele weitere

Empathie ist deshalb so wichtig, da ein Mensch, der empathisch ist, sich besser in die Gefühle und Gedanken einer anderen Person hineinversetzen und daher eine Situation besser abschätzen kann. Er kann einen respektvollen Umgang führen und besser kommunizieren. Ein empathischer Mensch begegnet anderen mit Verständnis und kann die Risiken, aber auch die Chancen einer Situation oder eines Gesprächs häufig besser einschätzen.

Wenn es darum geht, mit Altersunterschieden umzugehen, solltest du stets bedenken, dass ältere Mitarbeiter aus einer besonderen Lage kommen.

Sie haben bereits jahrelange Berufserfahrung, möglicherweise sogar schon viele Jahre in demselben Unternehmen gearbeitet. Sie mussten sich ihren Respekt ebenso erst erarbeiten – das Gleiche gilt für ihre Position. Mit einer sehr viel jüngeren Person in der Leitung konfrontiert zu werden, kann aus diesem Grund hart sein. Möglicherweise fühlen sich viele Mitarbeiter nicht gerecht behandelt. Andere wiederum könnten schlichtweg Probleme damit haben, Systeme zu verändern, die sich aus ihrer Sicht jahrelang bewährt haben. Das bedeutet nicht, dass sie jungen Menschen deren Erfolg nicht gönnen oder generell nicht glauben, dass sie in ihrem Job gut sind. Es bedeutet vielmehr, dass sie sich in ihrer eigenen Position gekränkt sehen. Dabei kann der Blick für den anderen schnell verloren gehen. Begegnest du diesen Menschen jedoch zuerst mit Empathie und Verständnis, wirst du eine viel bessere Grundlage für die Kommunikation und Zusammenarbeit schaffen. Denke daher stets daran, aus welcher Position deine Mitmenschen kommen, und stelle dir immer zuerst die Frage:

Welche Gründe könnte mein Gegenüber für seine Reaktion und sein Verhalten haben?

Empathie fällt dir nicht immer leicht? Das ist kein Problem – denn diese Fähigkeit kann erlernt und trainiert werden! Zwar stimmt es, dass Empathie eine Eigenschaft ist, die manchen Menschen besonders stark angeboren ist, dennoch bedeutet das nicht, dass du an diesem Punkt nicht arbeiten kannst. Empathie kann durch einige Übungen gezielt trainiert werden. Gleichzeitig kann es helfen, sich mit Menschen zu umgeben, die selbst besonders empathisch sind. Von ihnen kannst du eine Menge lernen. Übungen im Bereich der Empathie findest du im Workbook. An dieser Stelle darfst du gerne dorthin blättern und dich mit den passenden Übungen vertraut machen!

Kommunikation – das A & O des menschlichen Miteinanders

Ein weiterer wichtiger Punkt ist eine offene Kommunikation, denn nur allzu oft kann es zu Missverständnissen kommen. Vorurteile lassen sich leicht aufstellen, wenn nicht auf Augenhöhe kommuniziert wird. Kommunikation ist die Basis von jedem menschlichen Zusammensein. Das gilt im privaten genauso wie im beruflichen Kontext. Wenn du klar und offen kommunizierst, verschaffst du dir damit einen großen Vorteil, da Missverständnissen vorgebeugt werden kann. Je weniger Raum es für Missverständnisse und falsche Interpretationen gibt, desto besser verläuft in der Regel auch die Zusammenarbeit. Vorurteile können auf diese Art abgebaut werden. Kommunizierst du beispielsweise klar, dass du dir einen respektvollen Umgang wünscht oder warum du eine Veränderung aufbauen möchtest, haben deine Mitarbeiter ein viel besseres Bild von der Gesamtsituation. Möglicherweise bestehende Vorurteile können durch aktives Kommunizieren beseitigt werden (natürlich gilt dies nur, sofern die entsprechenden Taten ebenfalls folgen).

Exkurs: Rhetorik ist die Kunst der Rede. Der Begriff stammt aus dem Griechischen und bedeutet so viel wie Redekunst oder Kunst der Beredsamkeit. Rhetorik ist gleichzeitig Kunstform und angewandte Wissenschaft. Sie beinhaltet die Art und Weise eines wirksamen Vortrags. Im Bereich der Rhetorik geht es vor allem um Methoden und Stilmittel einer Rede. Wer diese Kunst beherrscht, kann eine Botschaft so eindrucksvoll vermitteln, dass das Publikum von der vermittelten Meinung überzeugt ist. Im besten Fall wird die Meinung aufgrund der Rede angenommen und im Anschluss in eine Handlung umgesetzt.

Da es gerade in der Berufswelt ein wichtiger Faktor ist, Menschen von einer Idee zu überzeugen, gilt Rhetorik als entscheidender Karrierefaktor. Während die Welt sich in einem schnellen Wandel befindet, sind die Grundzüge der Kommunikation immer noch ähnlich. Menschen versuchen, Brücken zu schlagen und andere Menschen von ihren Meinungen zu überzeugen. In der Antike folgt die Rhetorik einer strengen Einteilung und klaren Struktur. Eine Rede wurde in Einleitung, Tatbestand, Argumentation, Widerlegung gegnerischer Argumente und den Abschluss eingeteilt. Jeder gute Rhetoriker folgte diesen Stilmitteln und Punkten in der Reihenfolge. Die Griechen waren die ersten, die die Kunst der öffentlichen Rede derart systematisch anwendeten. Auch im alten Rom wurde die Kunst der Rede schnell anerkannt. Im Laufe der Zeit hat sich Rhetorik auch in anderen Gebieten etabliert. Dabei wurde das System jedoch stetig verändert. Heutzutage zeichnet sich Rhetorik nicht aufgrund eines fest etablierten Systems aus, sondern vielmehr zählen bestimmte Inhalte und Stilmittel dazu. Ein wichtiger Punkt der Rhetorik ist der Fokus auf den Zuhörer. Ein guter Rhetoriker weiß, zu wem er spricht. Er orientiert sich an Vorkenntnissen, Werten, Wünschen und Fragen der Zuhörer. Er denkt bereits im Vorfeld darüber nach. So kann die Rede, dem Publikum entsprechend, bestmöglich gestaltet werden.

Zu den Grundlagen der Rhetorik gehören

- die Körpersprache,
- das Erscheinungsbild und
- das Auftreten.
- Mimik,
- Gestik,
- Haltung,
- Bewegung und
- Handlung

spielen eine wichtige Rolle bei der Vermittlung einer Botschaft. Das Gleiche gilt beispielsweise für ein ordentliches und sauberes Auftreten. Auch Standsicherheit, Stimmsicherheit und Ausdrucksweise spielen eine Rolle.

In der Antike gab es einen festgelegten Aufbau von 5 Schritten für jede Rede. Diese Schritte lauten:

1. Inventio
2. Dispositio
3. Elocutio
4. Memoria
5. Actio

Die **erste Phase** wird auch als Phase der Stoffsammlung bezeichnet. In dieser Phase steht das Thema im Mittelpunkt. Ein guter Rhetoriker sollte sich überlegen, in welche Gattung seine Rede fällt. Handelt es sich beispielsweise um eine Gerichtsrede, eine Festrede oder eine politische Rede? Welche Aspekte, Sichtweisen und Argumente sind notwendig, um das Thema zu bearbeiten? Welche Randthemen gibt es? In dieser Phase soll der Redner den Inhalt der Rede bestmöglich vorbereiten. Das bedeutet im heutigen Zeitalter vor allem, seriöse Quellen zu nutzen.

Die **zweite Phase** wird auch die Phase der Gliederung des Stoffes genannt. Hier wird der Inhalt geordnet. Welche Details kommen in die Einleitung? Welche Informationen sind notwendig, um den Sachverhalt umfassend darzustellen? Welche Argumente habe ich, um die Kernaussage zu untermauern? Wie lautet die logische Schlussfolgerung aus meinen Argumenten? Welchen Appell habe ich zu vermitteln?

Die **dritte Phase** wird auch die Phase der Stilisierung genannt. Hier geht es darum, die Rede stilistisch und sprachlich zu verbessern. Nun geht es um den Einsatz rhetorischer Stilmittel. Dazu gehören beispielsweise rhetorische Fragen, Metaphern oder andere Stilmittel. Auch der Wortgebrauch und die grammatikalische Richtigkeit sind durchaus relevant. In dieser Phase ist auch eine starke Beschäftigung mit den Zielgruppen wichtig. Davon hängt schließlich ab, wie kompliziert oder einfach die Sätze sein dürfen und welche Fachbegriffe verwendet werden können. Auch bestimmte Präsentationstechniken sollten anhand der Zielgruppe geprüft werden. Jüngere Generationen sind beispielsweise eher von schnelllebiger Technologie begeistert, während dies älteren Generationen zu schnell sein könnte.

In der **vierten Phase** geht es darum, die Rede einzuprägen. Der Redner sollte mit Stichwortzettel arbeiten, seine Rede aber niemals ablesen. Je strukturierter der Aufbau ist, desto besser prägt sich die Rede bei den Zuhörern ein.

Die **fünfte und letzte Phase** ist schließlich die Phase der Umsetzung. Hier geht es um den tatsächlichen Vortrag. Dabei spielt auch der nonverbale Anteil eine große Rolle.

Reden müssen nicht streng nach diesem Konzept eingehalten werden, allerdings können dieses Konzept und die Struktur ein sehr wichtiger Leitfaden sein. Ein guter Rhetoriker ist durch eine gute verbale und nonverbale Kommunikation gekennzeichnet. Im Verlauf dieses Buches werden Ihnen noch einige Details begegnen, die mit Rhetorik in Verbindung stehen. Viele Kommunikations-Skills sind beispielsweise Teil der Rhetorik.

Da das Thema Kommunikation besonders wichtig ist, findest du im späteren Verlauf einen gesonderten Abschnitt dazu. Dort wird dir in vielen Details erläutert, welche Vorteile gute Kommunikation hat, welche Inhalte produktive Kommunikation ausmachen und wie du trainierst, besser mit deinen Mitmenschen in Kontakt zu treten. Natürlich findest du einige passende Übungen dazu auch im Workbook.

„Wir sind ein Team" – gemeinsame Ideen und Ziele fokussieren

Gerade im Bereich der Altersunterschiede kann es sehr hilfreich sein, gemeinsame Ziele stetig zu betonen. Erinnere deine Mitarbeiter daran, dass ihr ein gemeinsames Team seid und an gemeinsamen Interessen arbeitet – egal, wie alt ihr seid und wie lange ihr jeweils im Unternehmen arbeitet. Ihr alle habt das gleiche Ziel vor Augen: **Den Erfolg des Teams bzw. des Unternehmens.**

Deshalb lohnt es sich, gemeinsam zu arbeiten und sich auf das Ergebnis zu fokussieren. Über Unterschiede solltet ihr nach Möglichkeit hinwegsehen oder gemeinsam an Lösungen arbeiten, wenn sich aus den Differenzen grundsätzliche Probleme formen. Es ist kein Gegeneinander, sondern ein Miteinander im Team. Auf die Themen Motivation und Zielfokussierung wird in einem späteren Kapitel noch genauer eingegangen. Außerdem findest du im Workbook zahlreiche Übungen, die für dieses Thema hilfreich sind.
An dieser Stelle jedoch ein paar generelle Hinweise und Tipps:

- Der Fokus sollte stets auf das gemeinsame Ziel gerichtet sein.
- Regelmäßige Erinnerungen an das Ziel können dabei helfen, das Ziel im Blick zu behalten.
- Eine freundliche und respektvolle Kommunikation sollte im Team stets stattfinden.
- Eine warme Arbeitsatmosphäre macht das Zusammenarbeiten leichter.
- Warme Arbeitsatmosphären entstehen in der Regel durch Freundlichkeit und vielleicht sogar ein wenig Gemütlichkeit, wenn angemessen (es klingt sehr simpel, doch eine gemütliche, einladende Einrichtung mit Pflanzen und einem leichten Zugriff zu Getränken kann einen großen Unterschied machen!).
- Lächeln, ein fester Händedruck und ähnliche Gesten bedeuten viel auf der zwischenmenschlichen Ebene.

Ein respektvoller Umgang

Neben der Überwindung von Altersunterschieden gibt es auch einige generelle Dinge, die du unternehmen kannst, um Respekt zu gewinnen. Ein ganz wichtiger Punkt ist das Demonstrieren der Fachkompetenzen. Mitarbeiter, egal, welchen Alters, werden dir eher vertrauen, wenn sie sehen, dass Expertise und Fachwissen vorhanden sind. Gerade die Sorge, dass dies bei einer jungen Leitung nicht der Fall ist, führt bei vielen älteren Mitarbeitern dazu, dass sie zunächst skeptisch sind. Schließlich gehen viele davon aus, dass Berufserfahrung und Alter zwei wichtige Faktoren für das Erlernen von Fachkompetenzen sind. Das ist grundsätzlich auch nicht unbedingt verkehrt, bedeutet aber nicht, dass nicht auch ein junger Mensch bereits die notwendige Expertise besitzen kann, um ein Unternehmen oder ein Team zu leiten.

Vertraue dir und zeige deinen Mitarbeitern, dass du sehr wohl dazu in der Lage bist, dich in deinem Berufsfeld zu behaupten. Zu der Entwicklung von Kompetenzen wirst du in einem der folgenden Kapitel mehr lernen.

Exkurs: Sozialkompetenz

Sozialkompetenz ist ein Begriff, der einen Komplex von Fähigkeiten behandelt. Die Fähigkeiten dienen in der Regel der Kommunikation oder der Interaktion. Kompetenzen sind also ein Bündel an Fähigkeiten, die im Umgang mit anderen Menschen nützlich oder sogar erforderlich sind. Viele dieser Kompetenzen zählen in der Arbeitswelt auch zu den sogenannten Soft Skills. Zu den sozialen Kompetenzen zählen beispielsweise

- Zusammenhalt,
- Kritikfähigkeit,
- Teamfähigkeit,
- Kommunikationsfähigkeit,
- Kompromissfähigkeit und
- Empathie.

Soziale Kompetenzen sind in der Berufswelt deshalb so wichtig, weil jeder Mensch täglich mit anderen Menschen zusammenarbeiten muss. Gerade, wenn gemeinsam in einem Team gearbeitet wird, sind sie absolut notwendig, um den Erfolg des Teams oder des Unternehmens zu sichern. In manchen Berufen werden sie sogar als wichtiger eingeschätzt als Fachkompetenzen. Das liegt vor allem daran, dass sich Fachkompetenzen häufig leichter erlernen lassen. Es geht dabei darum, sich Wissen, beispielsweise durch Lesen oder das Besuchen von Seminaren, anzueignen. Soziale Kompetenzen lassen sich häufig sehr viel schwieriger erlernen. Das bedeutet jedoch nicht, dass es nicht möglich ist. Überwiegend können auch soziale Fähigkeiten angeeignet werden. Allerdings erfordert es häufig deutlich mehr Ausdauer und Einsatz.

Versuche, deine Kompetenzen jedoch möglichst nicht auf einem aufdringlichen oder arroganten Weg zu beweisen. Du musst dein Fachwissen deinen Mitarbeitern nicht auf dem Silbertablett präsentieren. Vielmehr sollte es dir durch das Erledigen von bestimmten Arbeiten und Aufgaben gelingen, deinem Team zu beweisen, dass du die notwendigen Fachkompetenzen besitzt. Dies kann natürlich auch in Unterhaltungen hervorstechen, in denen deine Mitarbeiter erkennen, dass du weißt, wovon du sprichst. Fachkompetenzen auf eine bescheidene und respektvolle Art zu präsentieren, ist nicht immer ganz einfach. Auch hierbei werden dir die vielen nachfolgenden Tipps in diesem Buch helfen. Wichtig ist, dass du stets daran denkst, nicht aufdringlich zu sein, sondern das Wissen dort einzubringen und zu präsentieren, wo es passt. Genau dies wünschst du dir schließlich auch von deinen Mitarbeitern.

Ehrlichkeit und Authentizität

Ehrlichkeit und Authentizität sind weitere wichtige Faktoren im Bereich des Respekts. Ein offener Umgang und die Kommunikation über die eigenen Stärken und Schwächen bilden die Basis für Vertrauen. Außerdem ist es wichtig, stets ein authentisches Auftreten zu behalten. Viele Führungskräfte, egal, welchen Alters, machen den Fehler, dass sie eine bestimmte Rolle schauspielern möchten. Immer noch ist in vielen Köpfen festgefahren, dass eine Führungsrolle besondere Dominanz oder andere Faktoren ausstrahlen muss. Viele denken, sie müssten einen ganz bestimmten Typ verkörpern, um sich in der Führungsrolle behaupten zu können. Dies ist jedoch eine fehlerhafte Annahme. Es gibt zahlreiche verschiedene Führungsstile, von denen je nach Situation, Thema und eigener Persönlichkeit der eine oder andere besser geeignet ist. Oftmals ist es sogar gut, relativ flexibel zu sein und den Führungsstil wechseln zu können. So kannst du beispielsweise unterschiedlichen Situationen und unterschiedlichen Menschen bestmöglich begegnen. Mehr zu den verschiedenen Führungsstilen lernst du in einem späteren Kapitel. An dieser Stelle soll jedoch der Hinweis gegeben werden, dass Authentizität wichtiger ist, als einem bestimmten Stil oder einer Rolle starr zu folgen. Wenn die von dir verkörperte Rolle nicht zu deinem wahren Charakter passt, wird sich dies auf lange Sicht bemerkbar machen. Mitarbeiter werden merken, dass du schauspielerst, und sich dadurch wahrscheinlich unwohl fühlen. Sicherlich kennst du aus deinem eigenen Umfeld auch Menschen, die du als besonders authentisch wahrnimmst. Würdest du nicht zustimmen, dass du diese Menschen auch besonders sympathisch findest oder ihnen mit besonderem Respekt begegnest? Da das Thema Authentizität so wichtig ist, wirst du im folgenden Kapitel noch tiefer eintauchen.

Wertschätzung und Anerkennung

Generell ist ein respektvoller Umgang von gegenseitiger Wertschätzung und Anerkennung gekennzeichnet. Denke immer daran:

Du wünschst dir von deinen Mitarbeitern auch, dass sie deine Fähigkeiten wertschätzen und dir ihre Anerkennung zeigen.

Genau diesen Umgang solltest du mit deinen Mitarbeitern ebenfalls pflegen. Das bedeutet, du solltest nicht mit positivem Feedback sparen und stets Kommunikation auf Augenhöhe führen. Eine positive Ausstrahlung und Wortwahl können einen erheblichen Unterschied machen.

An dieser Stelle erhältst du ein paar Tipps für eine positive Ausstrahlung:

- **Optimismus und Lebensfreude:** Eine optimistische Grundhaltung ist für eine positive Ausstrahlung absolut unerlässlich. Vielen Menschen fällt dies naturgemäß sehr leicht, andere müssen eher daran arbeiten. Eine optimistische Grundhaltung kannst du jedoch aktiv trainieren. Versuche beispielsweise, nicht schlecht über andere Menschen zu reden und unangenehme Begegnungen mit einer positiven und liebevollen Einstellung zu betrachten. Selbst unangenehme Situationen können beispielsweise einen wertvollen Lerneffekt haben. Versuche zunächst, das Gute in anderen zu sehen. Das gilt für Menschen genauso wie für Dinge und Ereignisse. Unterstützen kannst du diese Einstellung auch durch das tägliche Praktizieren von Dankbarkeit. Mach es zu deiner Routine, mindestens einmal am Tag innezuhalten und dich auf das Positive zu konzentrieren. Was lief heute besonders gut? Welche kleinen Momente haben deinen Tag heute ein bisschen besser gemacht? Wofür kannst du ehrlich dankbar sein?
- **Selbstakzeptanz:** Zu den wichtigsten Schritten gehört auch Selbstakzeptanz. Nicht umsonst sagt man, dass man sich zunächst selbst lieben muss, bevor man andere lieben kann. Daher ist es wichtig, dich selbst zu kennen und mit allen Stärken und Schwächen zu mögen. Gönne dir selbst regelmäßig etwas Gutes und lerne, dich selbst zu lieben. Das wird nicht nur in der Arbeitswelt, sondern auch im privaten Umfeld positiv auffallen.
- **Positive Körpersprache:** Es ist wissenschaftlich erwiesen, dass mehr als 50 % der Sympathie, die wir für jemand anderen empfinden, durch die Körpersprache hervorgerufen wird. Wenn du das verinnerlichst, kannst du dir das grundsätzlich zu Nutze machen und an einer positiven Ausstrahlung arbeiten. Aufrecht und sicher stehen, keine Abwehrhaltung einnehmen, Blickkontakt halten und negative Gesten vermeiden – all das kann beispielsweise sehr stark zu einer guten Ausstrahlung beitragen. Wenn du hingegen die Arme verschränkst oder negative Gesten wie geballte Fäuste wirken lässt, hat das eher einen negativen Einfluss.

- **Die Wahl der Wörter:** Genauso wie eine positive Körpersprache ist auch eine positive verbale Sprache wichtig. Negative Aussagen und sogenannte Minuswörter solltest du möglichst vermeiden. Dazu gehören beispielsweise negative Aussagen oder solche Aussagen, die indirekt einen negativen Inhalt transportieren.

Ein Beispiel: „Die Arbeit war bisher schon in Ordnung, heute sollte sie aber effizienter werden."

Versuche stattdessen, positive Formulierungen zu nutzen.
„Da du einer meiner wichtigsten Mitarbeiter bist, möchte ich in dich investieren und lade dich zu einem Training für mehr Effizienz am Arbeitsplatz ein." Der Mitarbeiter wird sich deutlich mehr wertgeschätzt fühlen.

- **Emotionale Nähe:** Versuche, eine emotionale Verbindung zu Menschen aufzubauen, ohne sie zu bedrängen. Das kannst du beispielsweise erreichen, indem du die räumliche Distanz zu deinem Gegenüber verringerst. Achte dabei aber immer auf die Reaktion des anderen. Weicht er aus, solltest du mehr Distanz einhalten. Emotionale Nähe kann eine Ausstrahlung deutlich verbessern. Allerdings kann es sinnvoll sein, sie schrittweise zu erreichen. Zudem kannst du emotionale Nähe schaffen, indem du Informationen aus deinem oder dem Leben des Kollegen teilst. Frage andere beispielsweise nach ihrem Wochenende oder erzähle eine Anekdote aus deinem Alltag – du wirst erstaunt sein, welche Wirkung kleine private Gespräche erzielen können.
- **Ein angenehmes Äußeres:** Natürlich ist es das Wichtigste, was im Inneren eines Menschen ist. Ein angenehmes Äußeres kann eine positive Ausstrahlung allerdings stark unterstützen. Wenn du gepflegt auftrittst und dich so kleidest, dass du dich wohlfühlst, wird das positiv zu deiner Ausstrahlung beitragen. Hygiene und ein angenehmes Erscheinungsbild sind sehr wichtig für eine gute Ausstrahlung. Das bedeutet nicht, dass du dich verkleiden musst. Vielmehr kannst du durch ein gepflegtes, aber authentisches Äußeres dein wahres Selbst besser zur Geltung bringen.

Eine positive Ausstrahlung und Wortwahl zu pflegen, bedeutet natürlich nicht, dass Kritik nicht gegeben werden darf. Doch auch bei Kritik sollte immer auf einen respektvollen Ton geachtet werden. Mehr dazu lernst du jedoch im Kapitel zur Kommunikation. An dieser Stelle nur der generelle Hinweis, dass Wertschätzung und Anerkennung auf vielen verschiedenen Ebenen vermittelt werden kann. Neben Worten kann Anerkennung beispielsweise auch dadurch vermittelt werden, dass mehr Verantwortung übertragen wird. Grundsätzlich lässt sich festhalten, dass Menschen, die anderen mit Respekt gegenübertreten, selbst auch mehr Respekt zurückerhalten.

10 wertvolle Tipps für einen respektvollen Umgang:

1. Ein freundlicher und respektvoller Tonfall wird auch in hitzigen Diskussionen und Krisengesprächen bewahrt.

2. Worte bleiben ehrlich, aber nicht beschimpfend oder beleidigend.

3. Worten folgen Taten – so wird bewiesen, dass sie ehrlich waren.

4. Ein fester Händedruck, Augenkontakt, Lächeln und andere nonverbale Gesten gehören zu einem guten Umgangston dazu.

5. Gespräche beginnen häufig mit freundlichem Smalltalk. Mitarbeiter werden stets höflich und nett begrüßt.

6. Veränderungen und Feedback, die Mitarbeiter betreffen, werden rechtzeitig und direkt kommuniziert.

7. Es gibt Raum für Feedback und Anregungen seitens der Mitarbeiter – so wird Wertschätzung gezeigt.

8. Persönliche Befindlichkeiten werden im beruflichen Kontext außen vor gelassen.

9. Mitarbeiter werden ihren Stärken nach bestmöglich eingesetzt. Womöglich werden sie mit Verantwortung betraut.

10. Alle wissen, dass sie an einem Strang ziehen – das Team ist kein GEGENeinander, sondern ein MITeinander.

Mit Authentizität und Selbstvertrauen als junge Führungskraft überzeugen

Authentizität ist einer der wichtigsten Faktoren im Umgang mit anderen Menschen. Authentizität bedeutet so viel wie *Echtheit* oder *Ursprünglichkeit*. Wer authentisch ist, zeigt sein wahres Ich und scheut nicht davor zurück, seine Persönlichkeit nach außen zu präsentieren.

Auch im privaten Leben haben authentische Menschen meistens mehr Erfolg. Sie schließen schnell echte Freundschaften und haben es häufig leichter im sozialen Umfeld. Das Gleiche gilt für den beruflichen Kontext. Wer authentisch bleibt, ist sich selbst treu und erhält dafür in der Regel mehr Respekt. Andere Menschen vertrauen authentischen Menschen eher, weil sie sich damit sicher fühlen, zu wissen, wer diese Person ist. Sie spielen keine Spiele, sondern stehen zu sich und ihren Werten. Daher lernst du in diesem Kapitel mehr über das Thema und wie es dir gelingt, authentisch zu bleiben.

Wertvorstellungen und Treue zu sich selbst

Authentisch zu sein bedeutet, sich selbst treu zu bleiben. Kenne deine Werte und deine Prinzipien. Dies gilt grundsätzlich, aber vor allem auch in der Führungsposition. Dir selbst treu zu bleiben, bedeutet nicht nur, berufliche Werte zu vermitteln. Überlege dir daher einmal ganz genau, welche Werte du im Leben allgemein verkörpern möchtest.

Was ist dir besonders wichtig?

Bestimmt gibt es einige Moralvorstellungen und politische Überzeugungen oder soziale Komponenten, von denen du nicht abweichen möchtest. Wenn du dir über diese Werte klar wirst, ist es für dich einfacher, im beruflichen Kontext authentisch zu sein.

Die folgende Übung hilft dir, deine wichtigsten Werte zu identifizieren: Nimm dir ein Blatt und einen Bleistift zur Hand. Wähle aus der folgenden Liste 12 Werte aus, die für dich wichtig sind – gerne kannst du die Liste mit eigenen Ideen erweitern. Schreibe deine 12 Werte untereinander auf und erstelle dadurch eine neue Liste. Es geht nicht darum, Werte zu finden, die deiner Meinung nach gut aussehen, sondern die Werte, die dich persönlich prägen und definieren. Werte, die bei dir ein gutes Gefühl erzeugen, sind die richtigen.

- Abenteuer
- Achtsamkeit
- Akzeptanz
- Authentizität
- Balance
- Beharrlichkeit
- Beliebtheit
- Bescheidenheit
- Dankbarkeit
- Disziplin
- Effizienz
- Ehrlichkeit
- Empathie
- Entwicklung
- Erfolg
- Fantasie
- Flexibilität

- Freiheit
- Friedfertigkeit
- Fröhlichkeit
- Geduld
- Gelassenheit
- Gerechtigkeit
- Gesundheit
- Glaubwürdigkeit
- Großzügigkeit
- Harmonie
- Herzlichkeit
- Hilfsbereitschaft
- Humor
- Intuition
- Kompromissbereitschaft
- Kontaktfreudigkeit
- Konstruktivität
- Kreativität
- Kritikfähigkeit
- Leichtigkeit
- Leidenschaft
- Lernbereitschaft
- Liebe
- Loyalität
- Mitgefühl
- Mut
- Nachhaltigkeit
- Nähe
- Neugierde
- Offenheit
- Optimismus
- Ordnung
- Perfektion
- Rationalität
- Realismus

- Redseligkeit
- Respekt
- Sanftmut
- Selbstbestimmung
- Selbstbewusstsein
- Sensibilität
- Sicherheit
- Solidarität
- Spaß
- Spiritualität
- Tapferkeit
- Toleranz
- Tradition
- Transparenz
- Treue
- Unabhängigkeit
- Verantwortung
- Vertrauen
- Weisheit
- Wissen
- Wohlstand
- Wohlwollen
- Zugehörigkeit
- Zuverlässigkeit

Für den nächsten Teil solltest du etwa 20 Minuten einplanen. Beginne mit dem ersten Wert in deiner neuen Liste. Ist dieser Wert für dich wichtiger als der zweite Wert auf der Liste? Dann machst du einen kleinen Strich oder Punkt neben den Wert. Ist der zweite Wert wichtiger, machst du den Vermerk dort. Dann vergleichst du den ersten Wert mit dem dritten auf der Liste. Wenn der erste wichtiger ist, fügst du dort einen Strich ein. Wenn der dritte wichtiger ist, fügst du ihn neben den dritten Wert ein. So vergleichst du den ersten Wert mit allen elf anderen Werten. Sobald dies erledigt ist, beginnst du mit dem zweiten Wert. Ein Vergleich mit dem ersten Wert ist nicht mehr erforderlich. Er wurde bereits im ersten Durchgang erledigt. Am Ende solltest du alle Werte miteinander verglichen haben. Die Anzahl der Markierungen neben den Werten verrät dir, welche Werte am wichtigsten sind. Schreibe die

Top Drei der Werte auf. Einige Werte werden wahrscheinlich die gleiche Anzahl an Markierungen haben. Hier muss unter Umständen eine persönliche Abwägung im Kopf stattfinden.

Wenn du Schwierigkeiten hast, abstrakte Werte wie Spiritualität oder Kreativität zu vergleichen, versuche, dir eine konkrete Situation vorzustellen, in der du dich für einen Wert entscheiden müsstest.

Beispiel:
Wenn du eine Stunde mehr am Tag hättest, würdest du dann lieber spirituellen Entdeckungen oder einem kreativen Hobby nachgehen?

Nun hast du deine wichtigsten Werte definiert. Aber fühlst du dich wirklich wohl mit ihnen? Wirf einen abschließenden Blick auf alle Werte, die ebenfalls eine hohe Wertung erhalten haben, aber es nicht in die Top Drei geschafft haben. Du darfst deine Werte ruhig noch einmal austauschen, wenn dir dein Bauchgefühl sagt, dass deine Top Drei nicht richtig sind. Frag dich außerdem, ob du wirklich stolz auf diese Werte bist. Würdest du sie mit anderen teilen und verteidigen wollen?

Im Anschluss kannst du deine Werte groß auf Papier schreiben oder ausdrucken. Hänge sie dir an einem Ort auf, an dem du sie regelmäßig vor Augen hast – beispielsweise über deinem Schreibtisch oder im Wohnzimmer zuhause.

Tipp: Wenn du möchtest, kannst du diesen Test mit deinem Team durchführen. Auf diese Weise lernst du die Werte deines Teams oder Unternehmens kennen. So wird es langfristig einfacher, gemeinsame Ziele zu definieren und die Werte als Leitfaden für schwierige Entscheidungen zu verwenden.

Beispiel:
Nehmen wir an, du bist ein Mensch, der davon überzeugt ist, dass ein freundlicher, warmer Umgangston ein hohes Maß an Zufriedenheit schafft. Womöglich verwendest du gerne das „Du" als Anrede anstatt das förmliche „Sie". Du kennst gerne die Vornamen deiner Mitmenschen, auch im beruflichen Kontext, da es dir ein Gefühl von Zusammenhalt und Zufriedenheit vermittelt. Für dich zählen warme, freundliche Begrüßungen und das nette Miteinander. Du bist ein Fan von Small Talk und triffst deine Kollegen gerne auch außerhalb der beruflichen Umgebung. Teambildende Maßnahmen, soziale Aktivitäten für Mitarbeiter und der Austausch über das Wochenende und die Ferien gehören zu deinen liebsten Beschäftigungen im beruflichen Feld.

Nur weil du eine Führungsposition innehast, solltest du all dies nicht gleich über Bord werfen. Natürlich ist es leicht, sich Sorgen darüber zu machen, wie eng die Bindungen mit den Mitarbeitern sein dürfen. Sicherlich muss abgewogen werden, in welchem Verhältnis Freundlichkeit und Professionalität stehen sollten. Viele Menschen überdenken dies jedoch zu stark. Sie machen sich Sorgen darüber, dass eine Leitung zu ihren Mitarbeitern mehr Distanz bewahren sollte. Natürlich hat ein zu enger Kontakt auch seine Tücken. Jeder muss schließlich stets dazu in der Lage sein, das Berufliche und Private im Ernstfall voneinander zu trennen. Außerdem muss eine Leitung auch dazu in der Lage sein, unbequeme Entscheidungen zu treffen. Dies kann im Rahmen eines besonders freundlichen Umgangstons mit den Mitarbeitern schwierig werden. Das heißt jedoch nicht, dass du diese Werte direkt über Bord werfen solltest. Ganz im Gegenteil: Vielmehr ist es wichtig, eine Balance zwischen allem zu schaffen. Wenn dir diese Werte wichtig sind, fällt dir auch das Leiten eines Teams leichter, wenn du ihnen treu bleibst. Du musst dich nicht verstellen und falsche Distanz aufbauen. Ist dir ein freundliches Miteinander wichtig, kannst du dies deinen Mitarbeitern zeigen. Du musst nur lernen, an den richtigen Stellen gesunde Grenzen zu setzen. Dies wird dir durch zunehmende Erfahrung und Praxis sicherlich gelingen.

Selbstvertrauen und der Umgang mit Fehlern

Zum Thema Authentizität und Selbstvertrauen gehört auch der Umgang mit Fehlern. Niemand ist perfekt und auch die beste Leitung macht mal einen Fehler. Diese Fehler zu verschleiern, ist jedoch einer der größten aller potenziellen Fehler. Leider begehen viele Führungskräfte, ob jung oder alt, diesen Fehler recht häufig. Niemand gibt seine eigenen Schwächen gerne zu – vor allem dann, wenn andere Mitarbeiter den eigenen Entscheidungen folgen müssen. Schließlich möchte jeder Teamführer, dass die restlichen Teammitglieder darauf vertrauen können, dass sie gute Entscheidungen für das Team und das Unternehmen treffen. Fehler einzugestehen, fällt daher gerade Führungskräften meistens sehr schwer.

Dabei sind Fehler etwas sehr Menschliches und in manchen Situationen unvermeidbar. Außerdem haben Fehler auch eine positive Seite, schließlich kann man aus ihnen sehr viel für die Zukunft lernen. Wer selbstbewusst ist, kann seine Fehler zugeben. Er kann sie offen kommunizieren und außerdem vermitteln, was er daraus gelernt hat. Kannst du dies als Leitung, wirst du besonderen Respekt erhalten. Glaube nicht, dass deine Mitarbeiter dir mit größerem Respekt entgegentreten, wenn du fehlerfrei bist. Vielmehr wird das vielen Menschen sogar negativ auffallen. Früher oder später werden Fehler ohnehin ans Licht kommen. Wenn Mitarbeiter bemerken, dass Schwierigkeiten entstanden sind, diese aber verschleiert werden, wird dies das Vertrauen eher senken.

Außerdem wird es dir nach und nach mehr Selbstvertrauen geben, wenn du lernst, mit deinen Fehlern umzugehen. Schließlich wirst du daran wachsen und es wird jedes Mal einfacher, einen Fehler einzugestehen.

An dieser Stelle ein paar Tipps für den Umgang mit Fehlern:

Niemand macht absichtlich Fehler. Daher ist es wichtig, die Ursache zu untersuchen und nicht den Verantwortlichen die Schuld zu geben. Untersuchungen zeigen, dass die meisten Menschen Fehler jedoch nicht gut tolerieren können, weil sie fälschlicherweise glauben, Fehler seien ein Zeichen von Dummheit oder Faulheit. Das wiederum führt dazu, dass sich viele Menschen nicht trauen, ihre Fehler zuzugeben. Daher werden Dinge geheim gehalten und die Schuld wird auf andere abgewälzt. Dadurch geht Zeit verloren, das eigentliche Problem zu identifizieren und die Fehlerkette gar nicht erst entstehen zu lassen. Erinnere dich also regelmäßig daran, dass niemand Fehler absichtlich macht – sie aber dennoch zum Leben dazugehören.

Der Anspruch, perfekt zu handeln, ist unrealistisch. Selbst Perfektionisten und extrem ehrgeizige Menschen machen Fehler – oft sogar wesentlich häufiger als Menschen, die Schwächen gegenüber toleranter sind. Auch ständiger Ärger nach einem Misserfolg ist schädlich. Eine Studie der Universität Wien aus dem Jahr 2014 zeigte, dass Menschen, die häufig negatives Fehlerfeedback erhalten müssen, seltener auf neue Ideen kommen. Akzeptiere deine Fehler daher und setz dich nicht unnötig unter Druck. In der Regel wird ein entspannter Umgang mit Fehlern sogar das Risiko für Ärgernisse senken.

Denke nicht lange über Fehler nach. Laut Experten hilft es wenig, ständig nachzudenken und Fragen zu stellen. Es ist deutlich gesünder und stressreduzierender, wenn du dich mit negativen Gedanken nicht lange aufhältst. Denke außerdem daran, dass du bereits vorhandene Fehler sowieso nicht rückgängig machen kannst. Es hat also keinen Zweck, dich lange mit den negativen Gedanken über Fehler aufzuhalten.

Entschuldige dich, wenn es angebracht ist. Indem du dich entschuldigst, kannst du dir Respekt gewinnen und deine Position stärken. Bedauere deinen Fehler, zeige dich dankbar für das Verständnis der anderen und lerne daraus. Übernimm Verantwortung, indem du für deinen Fehler geradestehst. Entschuldige dich jedoch nicht übermäßig. Wer sich mehrfach demütig für einen kleinen Fehler entschuldigt, bewirkt eher das Gegenteil – denn ein selbstbewusster Auftritt sieht anders aus. Eine gute Antwort auf einen Fehler kann beispielsweise so lauten: *„Vielen Dank für den Hinweis. Ich werde beim nächsten Mal darauf achten!"* – bei Kleinigkeiten sind diese Worte oft schon ausreichend. Wer zugibt, etwas falsch gemacht zu haben, ist im Prozess des Lernens. Daher ist es stets ein gutes Zeichen, wenn du dir und anderen einen Fehler eingestehen kannst.

Individualitäten zelebrieren – der Umgang mit der eigenen Persönlichkeit

Ein weiterer wichtiger Punkt ist das Präsentieren der eigenen Persönlichkeit. Jeder Mensch ist einzigartig und hat besondere Stärken und Schwächen, jeder Mensch hat besondere Ideale und kleine Angewohnheiten, die ihn ausmachen. Genau diese persönlichen Eigenschaften darfst du gerne auch im beruflichen Kontext zeigen. Du zeigst damit, wer du bist und dass du dir treu bleibst. Du präsentierst einen Teil deiner Persönlichkeit, den die anderen als einzigartig wahrnehmen werden – sozusagen dein Erkennungsmerkmal. Dies kann sich im beruflichen Miteinander tatsächlich positiv auswirken. Ein wichtiger Teil davon ist die Treue zu deinen eigenen Werten. Dies wurde bereits angesprochen. Einfach gesagt: Lebe, was du predigst. Wenn du von deinen Mitarbeitern Zuverlässigkeit und Pünktlichkeit erwartest, solltest du mit gutem Beispiel vorangehen. Wenn du einen freundlichen Umgangston schätzt, solltest du ihn selbst an den Tag legen. Ebenfalls bereits angesprochen wurde das Zugeben von Fehlern – niemand ist perfekt und wer seine Schwächen eingestehen kann, wirkt wesentlich authentischer und respektabler. Unterschätze neben all diesen Merkmalen jedoch nicht die Wirkung kleiner Persönlichkeitsunterschiede.

Du bist gerne eine halbe Stunde zu früh im Büro, um dort deinen ersten Kaffee alleine zu trinken? Daraus musst du kein Geheimnis machen!

Du bist ein absoluter Pflanzenliebhaber? Du darfst dein Büro gerne mit vielen grünen Begleitern schmücken.

Du hast Gefallen an ausgefallenen teambildenden Maßnahmen? Dann bringe kreative Ideen ein!

Das Zelebrieren von Persönlichkeiten und individuellen Vorlieben ist ein wichtiger Bestandteil eines angenehmen zwischenmenschlichen Miteinanders, ganz gleich, ob im privaten oder beruflichen Umfeld.

Selbstvertrauen und Selbstreflexion

Ein weiteres wichtiges Thema zum Thema Selbstvertrauen ist Selbstreflexion. Das bedeutet das Reflektieren und Anerkennen eigener Fähigkeiten und Erfolge. Realistische Selbstreflexion beinhaltet aber auch das Erkennen eigener Fehler. Wer sich selbst gut kennt und Stärken und Schwächen gleichermaßen anerkennen kann, der wird einen selbstbewussten Umgang mit sich selbst lernen. Dadurch entsteht auch ein selbstbewusstes Auftreten, was wiederum zu mehr Respekt im beruflichen Umfeld führt. Sich selbst authentisch und realistisch zu reflektieren, muss gelernt sein. Doch keine Sorge, auch zu diesem Thema findest du im Workbook einige Tipps und Übungen. Wirf an dieser Stelle gerne einen Blick dorthin und probiere einige der Übungen im Alltag aus.

An Herausforderungen wachsen

Herausforderungen gibt es im beruflichen Alltag immer wieder. Es wurde bereits angesprochen, dass gerade junge Führungskräfte mit besonderen Challenges (aus dem Englischen = Herausforderungen) konfrontiert werden. Selbst nach jahrelanger Berufserfahrung gibt es jedoch immer wieder neue Herausforderungen, die sich im beruflichen Alltag stellen. Diese Herausforderungen anzunehmen und ihnen mutig entgegenzutreten, ist eine hohe, aber wichtige Kunst. Wenn du das lernst, wird es auch von Mal zu Mal einfacher. Möglicherweise wirst du nicht jede Herausforderung auf Anhieb zu deiner vollsten Zufriedenheit meistern, doch das macht nichts. Wie bereits angesprochen, lernt jeder Mensch aus Fehlern und du wirst mit jedem Mal mutiger werden, nachdem du dich einer Herausforderung gestellt hast. Alleine das Überwinden des ersten Schrittes und das mutige Entgegentreten einer neuen Situation stärken dein Selbstbewusstsein enorm. An dieser Stelle möchten wir dich daher besonders dazu motivieren, jede Herausforderung tatkräftig anzunehmen. Das Ergebnis ist gegenüber der eigentlichen Annahme zweitrangig! Der Umgang mit Herausforderungen wird in einem späteren Kapitel gesondert behandelt. Dort lernst du alles, was du zum Thema verstehen musst.

Begleitung durch Mentoring und Coaching

Mentoring und Coaching können dir ebenfalls dabei helfen, langfristig mehr Selbstvertrauen in die eigene Führungsrolle zu gewinnen. Suche dir beispielsweise einen Mentor oder einen ausgebildeten Coach, der selbst jahrelange Berufserfahrung auf deinem Gebiet hat. Alternativ kannst du dir auch einen Mentor oder Coach suchen, der generell mit dem Führen eines Teams oder eines Unternehmens vertraut ist, auch wenn dies nicht unbedingt der gleichen Branche entspricht. Es geht schlichtweg darum, Erfahrungen zu teilen und aus den Fehlern eines erfahrenen Coaches zu lernen. Der Austausch und die Tipps, die diese Person für dich bereithält, können deutlich zu deinem Selbstvertrauen beitragen. Mentoren können dir wichtige Ratschläge geben und dich durch schwierige Situationen begleiten – sehr wahrscheinlich wurden sie selbst einmal mit den gleichen Problemen und Herausforderungen konfrontiert. Ein guter Mentor oder Coach wird dich lehren, alleine mit den Schwierigkeiten klarzukommen und Probleme zukünftig effektiv und mutig zu lösen. Zum Thema Mentoring und Coaching lernst du in einem späteren Kapitel mehr.

Die Grundlagen der Führung

In diesem Kapitel werden die grundlegenden Prinzipien und Konzepte der Führung behandelt. Es geht darum, die Rolle einer Führungskraft zu verstehen, eigene Stärken und Schwächen zu erkennen und die Bedeutung von Authentizität als Basis für erfolgreiche Führung zu erfassen.

Die Rolle einer Führungskraft verstehen

Die Rolle einer Führungskraft kann sehr umfangreich sein. Wer sich als Führungskraft etablieren möchte, muss zunächst die Details dieser Rolle verstehen. Dazu gehört es, ein Verständnis für die Kernaufgaben und für verschiedene Führungsstile zu haben.

Eine Führungsperson hat eine Vielzahl von Aufgaben und Verpflichtungen. Einige davon wurden zuvor bereits erwähnt. Zu den wichtigsten Aufgaben einer Führungskraft gehören:

- Struktur und Organisation des Teams oder Unternehmens
- Motivation der Mitarbeiter
- Verteilung von Aufgaben nach Stärken und Schwächen
- Krisenmanagement
- Einarbeitung der Mitarbeiter
- Teammanagement und Teambildung
- Ziele und Visionen eines Teams aufstellen und verfolgen
- Aufgaben und Deadlines im Blick behalten

Unterschiedliche Führungsstile

Im Detail können sich viele der oben genannten Aufgaben unterschiedlich gestalten. Wichtig ist, dass du niemals den Blick auf den Kern der Führungsrolle verlierst. Neben den Kernaufgaben spielen jedoch auch verschiedene Führungsstile eine Rolle. Ein Führungsstil bezeichnet die Art und Weise, mit der eine Führungskraft die entsprechenden Aufgaben wahrnimmt. Führungsstile sagen außerdem etwas über die Art und Weise der Ausübung der Führungskompetenz aus. Sie kennzeichnen das Verhalten von Vorgesetzten gegenüber untergeordneten Mitarbeitern. In der Regel lässt sich anhand eines Führungsstils auch ein Menschenbild und eine Grundhaltung über die Führungskraft und das Arbeiten feststellen. Ein Führungsstil kann also durchaus auch etwas über die Person hinter dem Stil aussagen. Generell werden heutzutage diverse Führungsstile unterschieden. Dazu gehören:

- Der autokratische Führungsstil
- Der patriarchalische Führungsstil
- Der bürokratische Führungsstil
- Der charismatische Führungsstil
- Der kooperative Führungsstil
- Der laissez-faire Führungsstil
- Der situative Führungsstil

Der autokratische Führungsstil

Der autokratische Führungsstil ist durch einen Alleinherrscher gekennzeichnet. Beim autokratischen Führungsstil trifft die Führungsposition alle Entscheidungen alleine. Mitarbeiter werden dazu in der Regel nicht gefragt. Wenn sie Ideen selbst äußern, werden diese häufig abgewimmelt. Es existieren strenge Hierarchien zwischen den verschiedenen Positionen. Aufgaben werden klar verteilt und Anordnungen müssen befolgt werden. Der Vorteil dieses Führungsstils liegt darin, dass in Krisensituationen Entscheidungen schnell getroffen werden können. Niemand hält sich lange an Diskussionen auf. In einigen Fällen können sich Mitarbeiter durch diesen Führungsstil sogar entlastet fühlen, weil die Zuständigkeiten klar geregelt sind und Verantwortung nicht übernommen werden muss. Auf der anderen Seite werden den Mitarbeitern durch diesen Führungsstil viele Freiheiten genommen. Es gibt keinen Raum für Entwicklungsmöglichkeiten und Ideen. Für kreative Mitarbeiter, die sich selbst einbringen wollen, ist dieser Führungsstil nicht zufriedenstellend. Der autokratische Führungsstil wird häufig auch als *autoritärer* Stil bezeichnet.

Ein Beispiel:
Ein Team hat ein neues Ziel festgelegt. Die Führungsposition verteilt alle Aufgaben klar und direkt. Jeder muss seine Aufgabe genauso annehmen, wie er sie erhalten hat. Abweichende Meinungen und Feedback sind nicht erwünscht.

Vorteile eines autokratischen Führungsstils

- Entlastung auf Mitarbeiterseite, dank klarer Vorgaben und Anweisungen
- Entscheidungen sind schnell möglich
- Zuständigkeiten und Verantwortungsbereiche sind klar verteilt

Nachteile eines autokratischen Führungsstils

- Kaum Raum für Entwicklungs- und Entfaltungsmöglichkeiten
- Keine demokratischen Entscheidungen
- Mitarbeiter erfahren wenig bis gar kein Mitspracherecht

Verbessert werden kann dieser Führungsstil beispielsweise durch das Einführen regelmäßiger Feedbackrunden. Dadurch könnte Mitarbeitern ein wenig Spielraum und Mitspracherecht ermöglicht werden, ohne den Kern des autoritären Stils ganz abzuschaffen.

Der patriarchalische Führungsstil

Der patriarchalische Führungsstil ähnelt dem autokratischen sehr. Der bedeutende Unterschied liegt jedoch im Bild der Mitarbeiter. Während der Autokrat die Mitarbeiter als seine Untergestellten betrachtet, sieht der Patriarch sich eher in einer väterlichen Position ihnen gegenüber. Er fühlt sich für seine Mitarbeiter deutlich stärker verantwortlich. Auch er trifft Entscheidungen im Alleingang, zeigt aber einen anderen Umgang seinen Angestellten gegenüber. Legitimiert ist seine Position in der Regel durch einen großen Altersvorsprung, einen Erfahrungsvorsprung oder einen Wissensvorsprung. Handelt es sich um eine weibliche Führungsperson, spricht man von einem matriarchalischen Führungsstil. Der Vorteil dieses Führungsstils liegt darin, dass klare Anweisungen und Vorgaben vorhanden sind. Auch hier gibt es keine langen Entscheidungswege und jeder weiß, was zu tun ist, sobald die Aufgaben verteilt wurden. Allerdings bleibt auch bei diesem Führungsstil kein Raum für Kreativität und Innovation.

Ein Beispiel:
Ein Team soll ein neues Ziel erreichen. Durch die Führungsposition werden die Aufgaben klar und direkt verteilt. Dabei achtet die Leitung darauf, dass die Stärken und Schwächen von jedem Teammitglied bestmöglich genutzt werden. Das liegt daran, dass sich die Leitung für ihr Team verantwortlich fühlt und es motivieren möchte. Dennoch gibt es keinen Raum für abweichende Meinungen und jeder hat seine Aufgaben so zu übernehmen, wie er sie erhalten hat.

Vorteile eines patriarchalischen Führungsstils

- Klare Anweisungen und Vorgaben
- Sicherheit für die Mitarbeiter – viel Verantwortung wird vom Chef übernommen

Nachteile eines patriarchalischen Führungsstils

- Wenig Raum für Kreativität
- Keine demokratischen Entscheidungen

Auch der patriarchalische Führungsstil kann durch mehr Mitarbeitereinbindung verbessert werden.

Der bürokratische Führungsstil

Beim bürokratischen Führungsstil werden die Abläufe durch feste Regeln strukturiert. Dies gilt sowohl für Mitarbeiter als auch für Vorgesetzte. Als Leitung können Befugnisse nur in einem begrenzten Maße ausgeübt werden. Auch für die Leitung existieren klare Richtlinien, Vorschriften und Anweisungen. Alle Regeln sind schriftlich fixiert worden. So weiß jeder, woran er sich zu halten hat. Regeln und Strukturen zu verändern, kostet meistens viel Zeit. Es gibt vorgesehene Prozesse dafür, genau wie für jeden anderen Bereich. Der Vorteil dieses Führungsstils liegt darin, dass alle Abläufe klar geregelt sind. Abteilungen funktionieren auch in Krisensituationen regelmäßig weiter, da für diese Situation vorgesehene Strukturen geschaffen wurden. Entscheidungen werden auf der Basis von bestimmten Richtlinien getroffen. Dadurch sollen Fehler reduziert und Willkür soll vorgebeugt werden. Das Team kann davon ausgehen, dass persönliche Befindlichkeiten keine Rolle spielen. Der Nachteil liegt darin, dass die Vorschriften sehr stark sind und Entscheidungswege häufig verlängern. In Krisenzeiten kann sich dies negativ bemerkbar machen, wenn es keine strengen Vorgaben gibt und eine ungewohnte Situation vorhanden ist. Selbstständigkeit und Eigeninitiative sind außerdem selten vorhanden. Das liegt schlichtweg daran, dass Mitarbeitern kein Raum und keine Flexibilität dafür gegeben wird.

Ein Beispiel:
Ein neuer Chefposten muss besetzt werden. Vorübergehend übernimmt ein Stellvertreter die Funktion. Für die Übergangsposition gibt es feste Pläne und Anweisungen, wie das Team zu leiten ist. Alle in der Abteilung müssen strikt danach handeln. Das Finden eines neuen Chefs kostet viel Zeit und muss einem ganz bestimmten Prozess folgen.

Vorteile eines bürokratischen Führungsstils

- Klare Strukturen und Vorgaben für jeden
- Kein Raum für persönliche Befindlichkeiten

Nachteile eines bürokratischen Führungsstils

- Kein Raum für schnelle Entscheidungen in Krisensituationen
- Kein persönlicher Entscheidungsspielraum
- Kein Raum für kreative Entfaltung

Der bürokratische Stil könnte verbessert werden, indem die Strukturen größeren Entscheidungsspielraum gewährleisten. Strukturen, die beispielsweise als Richtlinien dienen, können stets Raum für persönliche Entfaltung geben.

Der charismatische Führungsstil

Manche Menschen haben sogenanntes *Charisma*. Das bedeutet, ihnen fällt es natürlicherweise leicht, andere zu motivieren und zu begeistern. Wer einen charismatischen Führungsstil nutzt, kann eine Art eigene Strahlkraft nutzen, um andere mitzureißen. Ein solcher Chef ist häufig das Vorbild für alle im Team. Er hat Ideen und Visionen und kann andere von diesen überzeugen. Seine Freude ist ansteckend. Solche Führungskräfte sind in der Regel selbstbewusst, redegewandt und kommunikativ. Der Vorteil liegt darin, dass sich viele Mitarbeiter unter einer solchen Führung mit ihren Aufgaben und Zielen identifizieren. Sie zeigen häufig eine hohe Leistungsbereitschaft. Die Bindung zum Team und zum Unternehmen ist groß. Allerdings steht und fällt dieser Führungsstil mit der Persönlichkeit des Managers. Das bedeutet, dass auch der Erfolg der Leitung häufig mit der Persönlichkeit steht und fällt. Ohne Charisma, Empathie und Eloquenz kann nichts gelingen.

Ein Beispiel:
Ein neuer Chef schafft die Hierarchien und strengen Delegationen des Vorgängers ab. Er gehört zu den Menschen, die viel Ausstrahlungskraft besitzen und andere leicht begeistern. Seine Entscheidungen werden meist als nachvollziehbar empfunden. Andere Folgen daher bereitwillig. Es entsteht ein großes Wir-Gefühl, das allerdings in dem Moment zusammenbrechen kann, in dem der Chef das Unternehmen verlässt.

Vorteile eines charismatischen Führungsstils

- Reichlich Motivation der Mitarbeiter
- Hoher Teamgeist
- In der Regel hohe Produktivität im Team

Nachteile eines charismatischen Führungsstils

- Erfolg steht und fällt mit der Führungsperson
- Risiko der Manipulation

Der charismatische Stil kann dadurch verbessert werden, dass Strukturen und Gespräche genutzt werden, um ein Wir-Gefühl auch unabhängig von der Führungsposition zu erstellen. Teambonding (aus dem Englischen; bedeutet so viel wie Team zusammenhalten oder Team bilden; stärkeren Zusammenhalt im Team schaffen) und ähnliche Maßnahmen können die Teammitglieder zusammenschweißen, ohne dass dies von der Leitung als solcher abhängt. Auch das kann langfristig die Produktivität steigern.

Der kooperative Führungsstil

Der kooperative Führungsstil wird häufig auch als *demokratischer* Führungsstil bezeichnet. Prägend für diesen Stil ist die enge Zusammenarbeit zwischen Führungskraft und Team. Entscheidungen werden in der Regel durch Abstimmungen und gemeinsame Diskussionen getroffen. Jeder Mitarbeiter ist gleichwertig und hat das Recht, Kritik und Feedback einzubringen. Partizipation, also die Mitbestimmung, ist gewünscht und für Ideen gibt es reichlich Raum. Viele Mitarbeiter fühlen sich in diesem Führungsstil besonders motiviert, da sie reichlich Eigeninitiative zeigen können und diese gelobt wird. Auch die Kreativität wird gefördert. Daher fühlen sich viele Angestellte mit ihren Aufgaben stark verbunden. Der Nachteil liegt darin, dass demokratische Diskussionen das Treffen von Entscheidungen häufig verlängern können. Außerdem kann es in einigen Fällen dazu kommen, dass die gemeinschaftliche Entscheidung nicht die beste für das Unternehmen ist. Selbst wenn eine Führungskraft das Gefühl hat, eine andere Entscheidung wäre besser, kann sie diese häufig nicht treffen, wenn die Mehrheit des Teams nicht dahintersteht. Außerdem kann das Konkurrenzdenken in einem solchen Team höher sein, da jeder versucht, seine Ideen durchzusetzen.

Ein Beispiel:
In einem Unternehmen werden vor jeder wichtigen Entscheidungen Meetings gehalten, in denen über die Entscheidung diskutiert wird. Mitarbeiter dürfen sich redselig einbringen und stimmen am Ende über die Entscheidung ab. Nur wenn eine Idee eine Mehrheit erhält, wird sie auch durchgesetzt.

Vorteile eines kooperativen Führungsstils

- Hohe Einbindung der Mitarbeiter
- Starkes Gefühl der Wertschätzung im Team
- Reichlich Raum für persönliche Entwicklung und Übernahme von Verantwortung

Nachteile eines kooperativen Führungsstils

- Großes Risiko von Verzögerungen bei der Entscheidungsfindung
- Wenig Durchsetzungsspielraum der Leitung

Der kooperative Stil kann beispielsweise dadurch verbessert werden, dass in bestimmten Entscheidungen die Gewalt in der Hand der Leitung bleibt oder diese in wichtigen Fällen ein Veto nutzen kann.

Der laissez-faire Führungsstil

Der laissez-faire Führungsstil gibt Mitarbeitern maximalen Handlungsspielraum. Der Begriff kommt aus dem Französischen und bedeutet so viel wie „machen lassen". Mitarbeiter gestalten ihre Aufgaben überwiegend selbstständig. Der Vorgesetzte greift selten ein. Er kontrolliert nicht und sanktioniert auch keine Fehler. Gleichzeitig ist er auch bei Problemen selten anwesend. Der Vorteil liegt in der großen Gestaltungsmöglichkeit, die die Mitarbeiter haben. Dieser Stil fördert Kreativität und Eigenständigkeit. Der Nachteil liegt darin, dass Anarchie und Planlosigkeit drohen. Außerdem greifen Führungspersonen mit einem solchen Stil häufig erst dann ein, wenn Probleme gravierend sind. Dadurch ist es oftmals nicht möglich, Situationen noch rechtzeitig zu retten.

Ein Beispiel:
Zwar gibt es in einem Team eine Führungsperson, allerdings verteilt diese kaum Aufgaben und setzt sich auch selten durch. Es gibt Aufgaben und Ziele, doch wie diese organisiert und erreicht werden, bleibt meist dem Team alleine überlassen.

Vorteile eines laissez-faire Führungsstils

- Mitarbeiter haben reichlich Spielraum für Entfaltung
- Verantwortungsübernahme wird täglich geübt

Nachteile eines laissez-faire Führungsstils

- Risiko für Planlosigkeit und Anarchie
- Probleme werden häufig erst im Notfall bemerkt

Dieser Führungsstil kann beispielsweise dadurch verbessert werden, dass Strukturen genutzt werden, die für das rechtzeitige Entdecken von Problemen sorgen – etwa regelmäßige Feedbackrunden oder Mitarbeitergespräche.

Der situative Führungsstil

Der situative Führungsstil gilt auch als einer der modernsten Führungsstile. In diesem Rahmen berücksichtigt die Führungsposition persönliche Stärken und Schwächen einzelner Mitarbeiter. Außerdem werden die Mitarbeiter je nach Persönlichkeit und Reifegrad anders geführt. Wer bereit ist, mehr Verantwortung zu übernehmen, erhält sie auch. Wer hingegen mehr Anweisungen benötigt, bekommt diese. In der Regel passt eine solche Führungsposition den Stil auch an die jeweilige Situation an. Besteht reichlich Zeit, können Entscheidungen demokratisch getroffen werden. In Krisensituationen scheut sich die Führungskraft auch nicht, eine Entscheidung schnell im Alleingang zu treffen. Der Vorteil dieses Stils liegt darin, dass der Stil an die Person und Situation flexibel angepasst werden kann. Der Nachteil liegt darin, dass dies von der Führungskraft ein hohes Maß an Anpassungsfähigkeit und schnelles Denken erfordert. Gerade für junge Führungskräfte kann dies ein wenig überfordernd sein.

Ein Beispiel:
Eine Führungsposition versucht, ihren Stil an die jeweiligen Teammitglieder und Situationen anzupassen. In einem Team von fünf Personen hat sie zwei Mitarbeiter, die bereits jahrelang arbeiten. Diese Mitarbeiter erhalten besonders viel Verantwortung, da sie sich gut auskennen und gezeigt haben, dass sie gerne eigenständig arbeiten. Die drei jüngeren Mitarbeiter erhalten ein wenig mehr Anweisungen und Überwachung bei Problemen. Sie haben häufig noch Fragen und müssen etwas mehr im Auge behalten werden.

Vorteile eines situativen Führungsstils

- Anpassung an die jeweilige Situation
- Hohes Maß an Flexibilität
- Bestes Führen je nach Person und Situation

Nachteile eines situativen Führungsstils

- Sehr aufwändig für die Führungskraft
- Erfahrung und Energie sind vorausgesetzt

Der Stil kann dadurch verbessert werden, dass es Grundsätze und Strukturen an besonders wichtigen Stellen gibt, die für alle ausnahmslos gelten (oder nur in besonderen Härtefällen geändert werden).

Die visionäre Führung

Eine visionäre Führung ist ein großes Geschenk für jedes Team. Eine Führungskraft muss Visionen und Missionen haben. Nur so kann ein Team voranschreiten. Besteht keine Vision, wird das Team sich nicht motiviert fühlen. Schließlich muss die Führungskraft dazu in der Lage sein, einem Team zu erklären und zu zeigen, warum die Ideen umgesetzt werden sollten. Mitarbeiter werden deutlich zufriedener sein und deutlich motivierter und produktiver arbeiten, wenn sie das Gefühl haben, dass sich die Arbeit lohnt. Besteht dieses Gefühl nicht, werden viele Mitarbeiter gerade vor unbequemen Aufgaben zurückschrecken. Eine klare Vision ist daher unerlässlich.

Klare Visionen und eine Mission schaffen außerdem Zuversicht und Vertrauen. Mitarbeiter haben eine Orientierung und wissen, warum sie ihre Arbeit leisten. Auch ein starkes Wir-Gefühl kann dadurch entstehen. Ein Kern einer jeden Führungskraft sollte es daher sein, eine visionäre Führung einzusetzen.

Ein Beispiel:
Ein Chef spiegelt seinen Mitarbeitern stets wider, welchem höheren Zweck die jeweiligen Ziele dienen. Er hat eine klare Vision von der Zukunft des Unternehmens und vermittelt den Teammitgliedern, wieso das Unternehmen einen Unterschied in der Gesellschaft machen kann (beispielsweise klare Vorgaben hinsichtlich Nachhaltigkeit, Entwicklung oder gesellschaftlichen Vorteilen).

Die visionäre Führung ist ein Führungsstil im klassischen Sinn. Vielmehr sollte jede Führungskraft dazu in der Lage sein, mit Visionen zu leiten. Es gibt kaum einen größeren Motivationsfaktor.

Eigene Stärken und Schwächen als Führungskraft erkennen

Wer zuverlässig führen möchte, muss seine eigenen Stärken und Schwächen erkennen. Das gilt generell, aber insbesondere auch auf die Stärken und Schwächen im Rahmen der Führungsposition bezogen. Du solltest dir darüber im Klaren sein, wo deine Stärken und Schwächen liegen. So weißt du am besten, wie du deine eigenen Stärken nutzen kannst und welche Fähigkeiten du noch ausbauen musst. Direkt vorab sollte jedoch klar sein, dass dies kein Ziel ist, was du endgültig erreichen kannst. Eine ausreichende Analyse deiner eigenen Fähigkeiten wird dich wahrscheinlich deinen ganzen Karriereweg begleiten. Das liegt einerseits daran, dass wir uns ständig verändern, und andererseits daran, dass in verschiedenen Positionen und Teams verschiedene Fähigkeiten gefordert werden.

Die persönliche Bestandsaufnahme

Um dir über deine eigenen Stärken und Schwächen bewusst zu werden, solltest du eine persönliche Bestandsaufnahme vornehmen. Das bedeutet, du analysierst deine eigenen Fähigkeiten, Talente und Potentiale. Du kannst dir dafür gerne Hilfe suchen. Schließlich kann es schwierig sein, auf seine eigenen Stärken und Schwächen einen neutralen Blick zu erhalten. Du musst besonders gut darin sein, dich selbst zu reflektieren, um dies ausreichend durchzuführen. Ein paar Übungen und Tricks können dir dabei helfen. Außerdem kann es hilfreich sein, dir einen Freund oder Verwandten zu suchen, der dir einen ehrlichen Rat geben wird. Such dir auf jeden Fall eine Vertrauensperson aus, von der du weißt, dass sie ehrlich sein wird. Weise sie am besten auch noch einmal darauf hin, dass es dir nichts bringt, wenn sie dir gut zuspricht. Schließlich geht es hier um eine ehrliche Bestandsaufnahme. Es wird deiner Karriere nur helfen, wenn du ehrliches Feedback bekommst. Ein Freund oder Verwandter, der dir gut zuredet, nur um deine Gefühle nicht zu verletzen, wird dir dieses Feedback nicht geben können.

Übung:

Beginne jedoch vor deiner Suche nach Feedback am besten mit einer eigenen Analyse. Nimm dir ein Blatt zur Hand und schreibe sowohl deine Schwächen als auch deine Stärken auf. Erstelle eine Liste, die einer Pro-und-Kontra-Liste ähnelt. Versuche dabei, tief in dich hineinzuhorchen, und beantworte folgende Fragen:

- Worin liegen deiner Meinung nach deine Stärken?
- Wo liegen deine Schwächen?
- Welche Dinge fallen dir besonders leicht?
- Welche Aufgaben übernimmst du naturgemäß?
- Welche Aufgaben erscheinen dir schwieriger oder stellen für dich eine kleine Herausforderung dar?
- An welchen Beispielen kannst du deine Stärken und Schwächen festmachen? Denke dabei auch an deine Vergangenheit. Bei welchen Aufgaben hast du in deinem bisherigen Karriereweg besonders glänzen können?

Konstruktives Feedback ehrlicher Mitmenschen

Feedback ist ein weiterer wichtiger Faktor. Überlege zunächst, welche Quellen ehrliche Rückmeldungen geben werden. Du kannst ehrliches Feedback beispielsweise von Freunden oder Verwandten erhalten, die aufrichtig und direkt zu dir sind. Achte aber darauf, dass du nur diejenigen befragst, von denen du weißt, dass sie ehrlich sind, und betone ihnen gegenüber gerne noch einmal, warum Ehrlichkeit so wichtig ist. Es hilft in der Karriere deutlich mehr, Feedback zu erhalten, das unangenehm, aber direkt ist, als wenn dir jemand sprichwörtlich Honig ums Maul schmiert. Denke auch an Feedback aus deiner Vergangenheit:

- Wofür hast du in deiner bisherigen Position reichlich Lob bekommen?
- Wofür wurdest du häufiger kritisiert?

Wenn es dir schwerfällt, dich an bestimmte Beispiele zu erinnern, dann frage ehemalige Kollegen. Möglicherweise gibt dir auch dein letzter Boss ein ehrliches Feedback. Wichtig ist, dass du lernst, die richtigen Quellen von falschen zu unterscheiden. Richtige Quellen geben dir hilfreiches und gut reflektiertes Feedback. Schlechte Quellen sind solche, die einerseits zu nett sind oder andererseits kontraproduktive Kritik geben. Genauso wie ein Freund dir beispielsweise gerne nette Worte sagen möchte, könnte ein Kollege, der auf deine Position eifersüchtig ist, dir unreflektierte Kritik geben. Du erkennst die richtigen Quellen daran, dass es sich um Personen handelt, denen du auch in der Vergangenheit schon vertrauen konntest. Außerdem sollten es Menschen sein, von denen du weißt, dass sie gut reflektieren. Idealerweise sollten sie ihre Meinung auch ausreichend begründen und mit Beispielen untermauern können. Letztlich erkennst du gute Quellen daran, dass sie dir keine persönlichen Bewertungen geben. Persönliche Befindlichkeiten werden aus konstruktivem Feedback ausgelassen.

Konstante Weiterentwicklung

Denke daran, dass du dich kontinuierlich weiterentwickeln musst. Mit einer einfachen Analyse deiner Stärken und Schwächen ist noch lange nicht das Ende erreicht. Junge Führungskräfte müssen sich stetig analysieren und weiterentwickeln. Es gibt jedoch einige Strategien, die dir dabei helfen, deine Kompetenzen gezielt auszubauen. Im nächsten Kapitel lernst du ausführlich, wie du Führungskompetenzen entwickelst.

An dieser Stelle werden dir auch folgende Tipps aufgelistet:

1. Weiterbildung und Schulungen: Deine Teilnahme an Weiterbildungsprogrammen, Schulungen oder Seminaren ist eine großartige Möglichkeit, um neue Fähigkeiten zu erlernen und vorhandene Kompetenzen zu verbessern. Dies kann Fachkenntnisse betreffen oder anderweitig nützliche Skills – etwa Zusatzausbildungen im Bereich der Technologie, Social-Media-Präsenz oder andere interessante Inhalte.

2. Mentoring: Suche nach einem erfahrenen Mentor, der dir bei der Entwicklung deiner Führungskompetenzen helfen kann. Ein Mentor kann wertvolle Einblicke bieten, Feedback geben und dich bei deinem Wachstum unterstützen. Mehr zum Thema Mentoring lernst du in einem gesonderten Kapitel.

3. Selbstreflexion: Nimm dir regelmäßig Zeit für Selbstreflexion, um deine Stärken und Schwächen zu identifizieren und an ihnen zu arbeiten. Überlege, welche Bereiche du verbessern möchtest, und setze dir klare Ziele für deine persönliche Entwicklung. Du kannst beispielsweise eine Routine in deinen Alltag einbauen, die das regelmäßige Reflektieren zur Gewohnheit macht – etwa eine Art Wochenrückblick oder Tagesrückblick.

- Was ist diese Woche gut gelaufen?
- Wo siehst du Verbesserungspotenzial?
- Was möchtest du nächste Woche anders machen?

4. Netzwerken: Baue ein starkes berufliches Netzwerk auf und nutze es, um von anderen Führungskräften zu lernen. Tausche dich mit Gleichgesinnten aus, besuche Branchenveranstaltungen oder trete professionellen Organisationen bei. Mehr zum Thema Netzwerken liest du ebenfalls in einem späteren Teil des Buches.

5. Feedback einholen: Bitte regelmäßig um Feedback von Vorgesetzten, Kollegen und Mitarbeitern. Nutze dieses Feedback konstruktiv, um deine Fähigkeiten zu verbessern und an deiner Führungsweise zu arbeiten. Auch ein

Mentor ist eine hervorragende Quelle für Feedback. Versuche jedoch stets, zu erkennen, wann es sich um konstruktives Feedback handelt und wann nicht. Tipp: Konstruktives Feedback erkennst du daran, dass keine Beleidigungen oder respektlosen Worte fallen, keine persönlichen Befindlichkeiten aufgeführt werden und der Fokus auf Verbesserungen oder Lösungsvorschlägen liegt.

6. Feedback geben: Lerne, Feedback zu geben – auch dies ist eine wichtige Kompetenz im Führungsbereich. Je häufiger du dich darin übst, konstruktives Feedback zu geben, desto leichter wird es dir langfristig fallen. Halte dich also nicht zurück! Das Thema Feedback wird in einem späteren Kapitel näher thematisiert.

7. Lesen und Forschen: Halte dich über aktuelle Trends und Entwicklungen in deinem Arbeitsbereich auf dem Laufenden. Lese Fachliteratur, Blogs oder Artikel von Experten und setze das Gelernte in die Praxis um. Je mehr du dich interessierst und aktiven Einsatz zeigst, desto besser werden deine Kompetenzen auf allen Ebenen.

8. Herausforderungen annehmen: Schrecke vor neuen Herausforderungen nicht zurück – suche sie lieber aktiv! Übernehme freiwillig Verantwortung für Projekte oder Aufgaben, die deine Führungskompetenzen erweitern können. Sei bereit, aus deiner Komfortzone herauszutreten und neue Erfahrungen zu sammeln. So lernst du nicht nur, sondern zeigst anderen auch deinen Einsatzwillen und deine Motivation. Auch das Thema Herausforderungen wird in einem späteren Kapitel des Buches noch detaillierter behandelt.

Authentizität und Führung: Das Fundament erfolgreicher Führung

Du hast bereits in vorangegangenen Abschnitten gelernt, dass es wichtig ist, authentisch zu sein. Nur wer authentisch ist, eignet sich für die Führungsrolle. Das liegt vor allem daran, dass Authentizität eines der wichtigsten Elemente ist, um andere Menschen von sich zu überzeugen. Authentizität ist ein wichtiger Faktor für Respekt.

Ehrlichkeit im Umgang mit anderen

Neben einem authentischen Auftreten ist auch Ehrlichkeit in jeder Form ein wichtiger Faktor. Ehrlichkeit hat einerseits mit einem authentischen Auftreten und einer Vermittlung eines authentischen Selbstbildes zu tun. Auf der anderen Seite bedeutet Ehrlichkeit auch ehrliche Kommunikation. Das betrifft vor allem Feedback an die Mitarbeiter. Egal, ob es sich um positives Feedback oder um Kritik handelt, es sollte immer ehrlich kommuniziert werden, was Sache ist. Nur daran kann jeder einzelne Mitarbeiter und damit auch das Team und das Unternehmen insgesamt wachsen. Ehrlichkeit bedeutet weiterhin, dass keine Geheimnisse verschwiegen werden. Natürlich muss nicht immer jedes Detail sofort an jeden Mitarbeiter weitergereicht werden. Befindet sich ein Team beispielsweise in einer Krisenlage, ist das jedoch eine Situation, die ehrlich kommuniziert werden muss. Das Gleiche gilt beispielsweise für potenzielle Umstrukturierungen. Werden solche Situationen nicht kommuniziert, findet es früher oder später sowieso jemand heraus. Dann wiederum entstehen Gerüchte. Wenn sich Gerüchte verbreiten, ist dies in der Regel wesentlich schlechter, als wenn die Mitarbeiter direkt wissen, was Sache ist.

Ehrlichkeit – das Maß ist entscheidend

Ehrlichkeit schafft Vertrauen. Deshalb sind sich alle Experten einig: Führungskräfte sollten ehrlich sein. Für viele Menschen ist es jedoch schwer, zu begreifen, wie ehrlich man sein sollte. Was darf das Team wissen und was sollten Führungskräfte besser für sich behalten?

Viele Menschen fragen sich beispielsweise, wie ehrlich Feedback sein sollte. War ein Projekt etwa eine einzige Enttäuschung, muss dies tatsächlich so kommuniziert werden? Wie sieht es mit Betriebsgeheimnissen oder Krisensituationen aus? Wann müssen Mitarbeiter informiert werden und wann würde man nur unnötig Unruhe schaffen? Wie ehrlich und umfangreich sollten eigene Fehler kommuniziert werden?

Beispielsweise würde niemand von seinem Chef erwarten, dass er mit dem Team über die Angst vor dem Scheitern spricht. Solche Ängste gehören in den privaten Bereich. Es besteht grundsätzlich keine Notwendigkeit, personenbezogene Daten an das Team weiterzugeben. Wenn private Ereignisse dennoch Auswirkungen auf das Berufsleben haben, kann dies als allgemein gelten.

Ein Beispiel:
„Aus persönlichen Gründen kann ich am kommenden Samstag nicht an der Veranstaltung teilnehmen."

Eine gute Führungskraft erwartet von den Teammitgliedern nicht, dass sie private Angelegenheiten offen ansprechen. Deshalb ist es gut, regelmäßig Feedback und Kritik zu geben. Auch Bedenken und Fragen sollten berücksichtigt werden. Es gibt auch bessere und schlechtere Zeiten für unterschiedliche Informationen. Besonders sensible Themen sollten möglichst in ruhigen Momenten besprochen werden. Mitten in einer hitzigen Diskussion ist es sinnlos, sensiblere Themen anzusprechen. Probleme müssen Schritt für Schritt angegangen werden. Manchmal ist es hilfreich, negative Kritik in positivem Feedback zu verpacken. Dadurch soll die Kritik nicht reduziert werden, aber es kann dafür sorgen, dass sie besser ankommt, indem der Fokus nicht nur auf die negativen Aspekte gelegt wird.

Weitere Tipps für ehrliches und hilfreiches Feedback:

- Nehme persönliche Befindlichkeiten heraus – bleibe stets auf professioneller Ebene (ob dir das Outfit des Redners gefallen hat, ist beispielsweise kein konstruktives Feedback)
- Bleibe sachlich und verwende keine beleidigenden Worte (anstatt „Die Aussage war dumm" beispielsweise „Die Aussage schien mir nicht mit ausreichend Fakten untermauert")
- Arbeite mit Ich-Botschaften, wenn es möglich ist (anstatt „Dein Verhalten mir gegenüber ist respektlos" besser „Ich fühle mich durch dieses Verhalten nicht respektiert")
- Gib Beispiele an, damit der Empfänger des Feedbacks eine bessere Idee davon hat, in welchen Momenten sein Verhalten unangebracht oder nicht ausreichend war (beispielsweise „Du warst in den letzten drei Meetings jeweils mindestens 15 Minuten zu spät – das muss sich in Zukunft ändern")
- Sei so konkret wie möglich (anstatt „zu spät" besser „mindestens 15 Minuten später als vereinbart")
- Versuche, einen Grund für dein Feedback anzugeben (Beispiel: „Die Verspätungen verzögern das Meeting, sodass sich der gesamte Arbeitsrhythmus für alle Beteiligten verschiebt")
- Versuche stets, auch die positiven Aspekte zu betonen, nicht nur die negativen („Deine Rede war inhaltlich sehr gut. Du hast viele spannende Argumente gebracht, die ich noch nie gehört habe – das war sehr lehrreich. Leider fiel es mir in der Mitte schwer, zu folgen, da du angefangen hast, sehr schnell zu reden.")

• Gib Verbesserungs- und Lösungsvorschläge für die Zukunft mit – so weiß der andere stets, was genau die Situation zum Positiven verbessern kann („Deine Argumente würden noch besser zur Geltung kommen, wenn du langsamer redest.")

In Bezug auf die Ehrlichkeit gibt es vier wichtige Punkte, die beachtet werden sollten:

1. Aussagen, die getätigt werden, sollten stets stimmen.

2. Die Intention einer Aussage sollte vor ihr klar sein.

3. Werden Informationen nicht weitergegeben, sollte dies ehrlich kommuniziert werden.

4. Zusagen und Versprechungen müssen eingehalten werden.

Was dies im Klartext bedeutet
Aussagen, die getätigt werden, sollten grundsätzlich stimmen. Das bedeutet keinesfalls, dass eine Führungskraft alles sagen muss, was sie denkt und weiß. Nicht jedes Detail muss mit den Mitarbeitern besprochen werden und nicht jeder Gedanke muss frei geäußert werden. Als wichtigen Grundsatz sollte jedoch jede Führungskraft bedenken, dass jede Aussage wahren Inhalts sein sollte. Das bedeutet: Wenn du etwas sagst, dann sollte diese Aussage stimmen. Das heißt, dass du deine Mitarbeiter nur dann lobst, wenn sie wirklich Lob verdienen, und dass du nur dann Kritik übst, wenn sie tatsächlich angebracht und konstruktiv ist. Lobe nicht einfach nur, um nett zu sein, und übe nicht einfach nur Kritik, weil du einen Mitarbeiter nicht leiden kannst.

Ein Beispiel:
Mitarbeiter A hat einen Projektbericht geschrieben, der leider ungenügend ist. Du möchtest natürlich nett sein und dem Mitarbeiter keine vernichtenden Worte mitgeben. Allerdings wird der Mitarbeiter A nicht davon profitieren, wenn du ihn für den Bericht lobst – er wird weiterhin schlechte Arbeit leisten und möglicherweise irgendwann sogar von bestimmten Aufgaben oder aus dem Team abgezogen werden. Während andere Mitarbeiter befördert werden, wird er sich fragen, warum er nicht die gleichen Chancen erhält, wenn er doch stets nette Worte für seine Arbeit bekommt. Sprich daher lieber direkt die Kritik an – verpacke sie respektvoll und hilfsbereit. Eine Formulierung könnte etwa lauten: „Ich habe deinen Bericht gelesen und möchte mich zunächst für die Arbeit bedanken. Ich habe mich darüber gefreut, dass der Bericht so zeitnah fertiggestellt wurde. Leider sind mir inhaltlich einige Ungenauigkeiten aufgefallen, die ich gerne mit dir besprechen würde. Ich möchte dich darum bitten, das Feedback anzunehmen und den Bericht dahingehend noch einmal zu überarbeiten. Dafür ist

zunächst erst einmal eine Woche Zeit angesetzt – lass mich bitte wissen, wenn du mehr Zeit benötigst oder anderweitig Fragen hast." Auf diese Art hat dein Mitarbeiter die Möglichkeit, sich zu verbessern, und weiß in Zukunft, worauf er bei der Berichterstellung achten soll. Er sieht außerdem, dass er von dir ehrliche Worte und Hilfe erhält. Das wiederum stärkt die Vertrauensbindung.

Bevor du eine Aussage tätigst, sollte außerdem die Intention klar sein. Was willst du bei deinen Mitarbeitern bewirken? Möchtest du sie beispielsweise über Dinge im Unternehmen informieren, damit sie sich vorbereiten können? Möchtest du ihnen Feedback an die Hand geben, damit sie sich verbessern können? Ist dies mit den Informationen, die du mit ihnen teilst, auch möglich? Diese und andere Fragen solltest du dir vor deinen Aussagen regelmäßig stellen. Geht es darum, eine Krisensituation zu kommunizieren, solltest du dich fragen, ob deine Aussage dazu beitragen kann, dass die Mitarbeiter beruhigt und informiert sind, oder ob sie nur Unruhe und Angst schaffen würde. Wenn du Feedback vermittelst, solltest du dich fragen, ob dieses dazu beiträgt, dass sich die Mitarbeiter verbessern, oder ob es sie nur mit einem schlechten Gefühl nach Hause schickt.

Nicht immer kannst du alle Informationen detailgetreu weitergeben. Bittet dich also jemand um Informationen, die du nicht weitergeben darfst, dann solltest du das auch so kommunizieren. Sage einfach, dass du dazu nichts sagen möchtest oder nicht dazu befugt bist, darüber zu sprechen. Es wäre nur unehrlich, wenn du behauptest, keine Informationen darüber zu haben. Besser ist es, du lässt dein Gegenüber wissen, dass du nicht dazu in der Lage bist, darüber zu reden, oder dass du die Informationen zu einem anderen Zeitpunkt weitergeben wirst. Erzählst du deinem Gegenüber, dass du die Informationen zu einem späteren Zeitpunkt preisgibst, beispielsweise weil du sie noch nicht vollständig hast oder weil du noch auf das Feedback eines anderen Mitarbeiters wartest, dann muss dies auch der Wahrheit entsprechen. Versprich nicht, Informationen an anderer Stelle zu geben, wenn du dies nicht auch tatsächlich vorhast.

Letztlich solltest du dich an Zusagen und Versprechungen stets halten. Auch dafür ist die Informationsweitergabe ein gutes Beispiel. Versprichst du deinen Mitarbeitern, Informationen zu einem bestimmten Thema einzuholen und ihnen diese rechtzeitig mitzuteilen, solltest du dies auch tatsächlich einhalten. Das bedeutet, dass du Zusagen und Versprechungen nur dann geben solltest, wenn du dir sicher bist, dass du sie auch einhalten kannst. Sei grundsätzlich lieber etwas vorsichtiger mit Versprechungen. Das Gleiche gilt beispielsweise auch für Gehaltserhöhungen oder Beförderungen. Versprichst du etwa eine Gehaltserhöhung, obwohl du gar nicht alleine darüber entscheiden darfst, wird sich das später negativ auf das Vertrauen dir gegenüber auswirken. Das gilt selbst dann, wenn es letztlich nicht an dir scheitert, ob eine Gehaltserhöhung gegeben wird oder nicht. Halte dich also besser an das, was du auch wirklich versprechen kannst und was tatsächlich in deiner Macht liegt. So kannst du beispielsweise einem Mitarbeiter sagen, dass du dich beim Personal-Chef für eine Gehaltserhöhung einsetzt, wenn du dies auch wirklich vorhast. So wissen deine Mitarbeiter, dass, wenn der Chef etwas verspricht, er dies auch einhält. Das schafft Vertrauen bezüglich deiner Ehrlichkeit.

Der Zusammenhang zwischen Ehrlichkeit und Wertebildung

Ein weiterer wichtiger Faktor ist die eigene Werteorientierung. Es wurde bereits zuvor erwähnt, dass du deine eigenen Werte kennen musst, wenn du eine Führungsposition sinnvoll bekleiden möchtest. Überlege dir also stets zu Beginn, welche Werte du für dich definiert hast. Werte sind mächtig. Sie sind maßgeblich für das gesamte Denken, Handeln und die Ausrichtung eines Lebens. Eine Führungskraft, die keine eigenen Werte festlegt, ist definitionslos. Sie ist keine respektable Figur, der andere Menschen folgen wollen. Daher ist es wichtig, dass du dir stets über deine Werte im Klaren bist. Dies ist nicht immer ganz einfach, vor allem dann, wenn ein Konflikt entstanden ist. Häufig haben Führungskräfte gerade damit zu kämpfen, dass sie einerseits gemocht, aber andererseits auch respektiert werden möchten. Eine Führungskraft muss oft auch unbequeme Entscheidungen treffen. Das bedeutet leider auch, dass man damit das Risiko eingeht, sich bei dem einen oder anderen Mitarbeiter unbeliebt zu machen. Einige Führungskräfte schrecken daher vor solchen Entscheidungen zurück. Du solltest dir doch stets im Klaren darüber sein, dass du es niemals allen recht machen kannst und auch mal Entscheidungen treffen musst, die für den einen oder anderen unangenehm sind. Langfristig kommt es jedoch auf deine Werte an. Die Mitarbeiter werden dich respektieren und fortwährend auch als Führungsposition schätzen, wenn du Entscheidungen treffen kannst. Eine Führungskraft muss sehr viele Werte verkörpern können. Nettsein gehört jedoch nicht auf die Liste.

Tipp:
Es gibt einige Werte, die für Führungskräfte elementar sind. Dazu gehören die folgenden:

- Ehrlichkeit
- Teamgeist
- Respekt

Ohne diese 3 elementaren Werte kann kaum ein Mensch ein Team leiten. Daneben solltest du jedoch herausfinden, welche Werte dir persönlich besonders am Herzen liegen. Mehr dazu erfährst du auch in einem späteren Teil des Buches.

Eine Werteorientierung wurde im Laufe der Zeit immer wichtiger. Das liegt vor allem daran, dass das moderne Zeitalter unbeständig ist. Veränderungen geschehen schnell. Wenige Menschen haben noch Zeit für etwas Konstantes. Das bedeutet wiederum, dass etwas Konstantes wertvoller denn je ist. Menschen haben gerne etwas, worauf sie sich verlassen können. Bist du eine Führungskraft, die sich ihren Werten bewusst ist und konstant in diesen bleibt, werden deine Mitarbeiter dies zu schätzen wissen. Eine werteorientierte Führung sorgt dafür, dass sich Mitarbeiter auf sie verlassen können. Sie haben eine Konstante im Arbeitsalltag, die Sicherheit gibt. Wichtig ist dafür, dass die Mitarbeiter deine Werte auch erkennen können. Zu einem werteorientierten Führen gehört es also einerseits, dass du dir deinen Wertvorstellungen bewusst bist, und andererseits, dass sie deinem Verhalten entsprechen. Dies ist auch ein wichtiger Faktor im Bereich der Authentizität und Ehrlichkeit.

Grundsätzlich sind Werte sehr stabile Vorstellungen von wünschenswerten Eigenschaften und Verhaltensweisen. Sie gelten als eine Art Kompass oder Navigationssystem im Leben. Häufig repräsentieren sie Lebensziele. Werte sind individuell, aber sehr stabil. Um deine Werte herauszufinden, kannst du dir die folgenden Fragen stellen:

- Welche Werte sind mir wichtig?
- Welche Werte kann ich in der Arbeit und im Privatleben ausleben?
- In welchen Gelegenheiten habe ich mich schlecht gefühlt, weil wichtige Werte missachtet wurden?
- In welchen Gelegenheiten kollidierten wichtige Werte meinerseits mit denen meiner Führungskraft oder meines Unternehmens?
- Welche Konflikte oder Schwierigkeiten gab es in meinem Arbeitsumfeld bereits aufgrund unterschiedlicher Wertvorstellungen?

Erinnere dich an dieser Stelle auch an die Übung mit der Werteliste! Diese Liste wird dir dabei helfen, deine wichtigsten Werte festzumachen.

Werte werden den Job als Führungskraft deutlich leichter machen. Es ist auch für Mitarbeiter sehr wichtig, zu erkennen, welche Werte ihre Führungskraft verkörpert. So hat eine Studie des Harvard Business Review, an der 195 Führungskräfte aus 15 verschiedenen Ländern teilnahmen, ergeben, dass *hohe ethisch moralische Standards* für Mitarbeiter besonders wichtig sind. Mitarbeiter konnten aus einer Liste von 74 Leadership-Kompetenzen auswählen. 67 % der Befragten nannten *hohe ethisch moralische Standards* als eine der wichtigsten Erwartungen an eine gute Führungskraft.

Bedeutung von *hohen ethisch moralischen Standards*:
Der Begriff Moral bezeichnet Handlungsregelungen bestimmter Gruppen, die das zwischenmenschliche Miteinander bewerten. Moralische Vorstellungen teilen Handlungen im zwischenmenschlichen Miteinander in die Kategorien von *gut* bzw. *richtig* und *böse* bzw. *falsch* ein. Auch unter dem Begriff „ethische Standards" versteht man Leitlinien für die Ausübung von eigenverantwortlichem Verhalten. Ethisch moralische Standards sorgen dafür, dass bestimmte Grundsätze und Prinzipien eingehalten werden, die lediglich darauf basieren, dass diese Prinzipien als gut und richtig für die Gesellschaft gesehen werden. Dazu gehört beispielsweise der Grundsatz, dass es falsch ist, einem anderen Menschen das Leben zu nehmen. Im Wirtschaftsbereich zeigen sich solche Standards beispielsweise im Bereich der Nachhaltigkeit oder daran, wie Mitarbeiter behandelt werden. Wer hohe moralisch ethische Standards hat, hat beispielsweise Leitlinien zum Umgang mit Mitarbeitern, Kunden und auch zum nachhaltigen Arbeiten.

Werte sind auch für Kunden besonders wichtig. Zunehmend wird es für viele Teile der Gesellschaft immer wichtiger, dass ein Unternehmen, das sie unterstützen, auch Werte unterstützt, die den Kunden wichtig sind. So möchten viele Menschen beispielsweise vor allem bei Unternehmen konsumieren, die sich im Bereich Nachhaltigkeit oder Menschenrechte einsetzen. Firmen, die ihre Angestellten gut behandeln oder beispielsweise Gelder spenden, sind hoch im Kurs. Werte sind daher auch stets ein gutes Aushängeschild für ein Unternehmen.

Tipp:
Eigenschaften und Grundsätze, für die ein Unternehmen steht, werden als Unternehmenswerte bezeichnet. Für Kunden sind solche Werte immer wichtiger. Es lohnt sich daher, solche Werte zu definieren und zu vermitteln. Unternehmenswerte, die aus Kundensicht beispielsweise positiv wahrgenommen werden, sind:

- Nachhaltigkeit
- Integrität
- Finanzielle und gesellschaftliche Verantwortung
- Mut
- Inklusion
- Leidenschaft
- Selbstlosigkeit

Möchtest du dir über deine Werte im Klaren werden, kannst du dir noch weitere Fragen stellen, um herauszufinden, inwieweit du mit deinen Werten im Einklang stehst. Frage dich beispielsweise bei jeder Entscheidung für eine Weile, ob es dir recht wäre, wenn diese Entscheidung neben deinem Namen Schlagzeilen machen würde. Wäre es dir recht, wenn diese bestimmte Entscheidung auf der Titelseite einer Heimatzeitung oder einer großen Zeitung deutschlandweit mitsamt einem Foto von dir und deinem vollständigen Namen verkündet würde? Wenn ja, ist das ein gutes Zeichen dafür, dass deine Entscheidung mit deinen inneren Wertvorstellungen übereinstimmt. Wäre dies jedoch unangenehm, könnte das ein Zeichen dafür sein, dass die Entscheidung in einem Konflikt mit deinen inneren Wertvorstellungen steht.

Weitere Fragen dieser Art:

- Würde ich anderen Teammitgliedern oder Menschen in anderen Unternehmen dazu raten, so zu entscheiden?
- Würde ich die Entscheidung vor einem Mentor oder Coach rechtfertigen wollen?
- Wäre ich einverstanden, wenn mein Handeln als eine allgemeine Regel formuliert werden würde? Könnte ich dann noch guten Gewissens in den Spiegel schauen?
- Gibt es Alternativen zu meiner Entscheidung, die akzeptabler wären?
- Muss ich die Entscheidung jetzt treffen oder ist es vorteilhafter, noch eine Weile darüber nachzudenken?

Diese und ähnliche Fragen kannst du dir vorher und auch nach Entscheidungssituationen stellen. Sie können dabei helfen, deine Werte im Blick zu behalten. Gerade, wenn Entscheidungen schwierig zu treffen sind, neigen einige Menschen dazu, eine rationale Pro-und-Kontra-Liste im Kopf anzufertigen. In einigen Fällen mag dies auch wichtig sein, in vielen anderen Fällen kann es jedoch dazu führen, dass eine Entscheidung gegen die eigenen Wertvorstellungen getroffen wird.

Ein weiterer guter Tipp ist das Reflektieren deiner Erfolge und Misserfolge. Du kannst dir Fragen darüber stellen, welche Tätigkeiten du häufiger und welche Tätigkeiten du weniger durchführen möchtest. Überlege dir auch, mit welchen Menschen du mehr zu tun haben möchtest und mit wem du lieber weniger zusammenarbeiten würdest. Dies kannst du beispielsweise nach Projekten reflektieren.

Eine vertrauensvolle Arbeitsatmosphäre

Ehrlichkeit stabilisiert eine vertrauensvolle Arbeitsatmosphäre. Um Vertrauen im Arbeitsumfeld aufzubauen, kannst du jedoch noch mehr unternehmen. Die folgenden Ideen stehen mit Ehrlichkeit und Authentizität eng im Zusammenhang, sollen aber dein Blickfeld für eine vertrauensvolle Atmosphäre im Berufsalltag erweitern:

- Offene Kommunikation
- Zuverlässigkeit
- Respektvoller Umgang
- Verantwortungsübernahme
- Teamgeist: Mit teambildenden Maßnahmen kannst du viel erreichen
- Vertraulichkeit wahren – geheime Informationen gehören auch in einem offenen und ehrlichen Arbeitsumfeld vertraulich behandelt
- Konstruktivität beim Feedbackgeben

Führungskompetenzen entwickeln

Dieses Kapitel konzentriert sich auf die Entwicklung entscheidender Führungskompetenzen. Es werden die Bedeutungen effektiver Kommunikation, des Konfliktmanagements und der klugen Entscheidungsfindung erläutert, um eine starke Führungskraft aufzubauen.

KOMMUNIKATION: DIE SCHLÜSSELKOMPETENZ FÜR FÜHRUNGSERFOLG

Kommunikation ist eine der wichtigsten Schlüsselkompetenzen der Führungsposition. Gute Kommunikation basiert auf aktivem Zuhören und der Fähigkeit, sich gezielt auszudrücken.

Aktives Zuhören

Aktives Zuhören ist eine Kommunikationstechnik, bei der man sich bewusst darauf konzentriert, dem Gesprächspartner aufmerksam und empathisch zuzuhören. Es geht darum, nicht nur die Worte des Sprechers zu hören, sondern auch seine nonverbale Kommunikation und Emotionen wahrzunehmen. Empathie ist dafür ein wichtiger Faktor. Daher wurde die Wichtigkeit von Empathie bereits in einem vorangegangenen Kapitel betont. Übungen zur Empathie findest du im hinteren Teil dieses Buches.

Beim aktiven Zuhören geht es nicht nur darum, Informationen aufzunehmen, sondern auch um das Verständnis der Botschaft des Sprechers. Besonders wichtig ist dafür, dass du deinem Gegenüber Aufmerksamkeit schenkst. Zeige dem Sprecher durch deine Körpersprache und mit Blickkontakt, dass du ihm aktiv zuhörst. Vermeide Ablenkungen wie Handy oder andere Gespräche. Nonverbale Signale, wie eine offene und zugewandte Körperhaltung, Nicken oder Lächeln, signalisieren deinem Gegenüber, dass du ihm deine volle Aufmerksamkeit schenkst.

Ein weiteres wichtiges Element ist das Paraphrasieren. Wiederhole in eigenen Worten, was der Sprecher gesagt hat, um sicherzustellen, dass du ihn richtig verstanden hast. Dies zeigt dem Sprecher, dass du aktiv zuhörst und dich bemühst, seine Botschaft zu verstehen. Auch das Zusammenfassen der Aussagen deines Gesprächspartners kann diese Wirkung erzielen. Dies hilft sowohl dir als auch dem Sprecher, Klarheit zu schaffen.

Vermeide zudem Unterbrechungen. Lass den Sprecher immer ausreden, bevor du antwortest oder Fragen stellst. Unterbrechungen können den Fluss des Gesprächs stören und das Gefühl vermitteln, dass du nicht wirklich zuhörst. Sicherlich kennst du dieses Gefühl auch aus eigenen Gesprächen mit anderen – wenn du unterbrochen wirst, gibt dir das mit Sicherheit auch das Gefühl, dass sich dein Gegenüber nicht wirklich für den Inhalt deiner Aussage interessiert.

Präzise und klare Kommunikation

Wenn du erfolgreich kommunizieren möchtest, solltest du dich in klaren und präzisen Botschaften üben. Formuliere deine Botschaft klar und verständlich, damit sie für den Empfänger leicht zu erfassen ist. Vermeide Fachjargon oder komplizierte Ausdrücke, wenn sie nicht notwendig sind. So stellst du sicher, dass jeder versteht, was der Kern deiner Aussage ist. Auch eine gut strukturierte Aussage kann hilfreich sein. Das gilt vor allem, wenn du eine längere Rede halten möchtest oder einen komplizierten Standpunkt verteidigst. Organisiere deine Informationen logisch und strukturiert, um Missverständnisse zu vermeiden. Drücke dich möglichst prägnant aus und vermeide überflüssige Worte. Konzentriere dich auf das Wesentliche und fasse deine Aussagen so kurz wie möglich zusammen. Das gilt sowohl für mündliche als auch für schriftliche Aussagen.

Achte stets darauf, dass deine Aussagen eindeutig sind. Je deutlicher du formulierst, desto weniger Spielraum lässt du deinen Mitmenschen für Interpretationen. Kläre Unklarheiten sofort auf, wenn du sie bemerkst, und korrigiere deine Mitmenschen. So stellst du sicher, dass der Empfänger genau versteht, was du meinst.

Ein Beispiel:
Anstatt zu sagen, „Du bist absolut unzuverlässig", kannst du kommunizieren: „Du warst die letzten drei Meetings für mehr als 15 Minuten zu spät. Außerdem ist mir in den letzten zwei Wochen aufgefallen, dass ich mehrfach versucht habe, dich telefonisch zu erreichen, und ich keinen Rückruf erhalten habe. Ich kann dir die Daten nennen, ich habe jeden Anruf dokumentiert. Dieses Verhalten vermittelt den Eindruck, dass ich mich nicht auf dich verlassen kann, wenn ich dich brauche."

Auch die Wahl des richtigen Kommunikationsmediums ist entscheidend. Kommunikation gelingt am besten von Angesicht zu Angesicht. Ist dies jedoch nicht möglich, solltest du dir stets überlegen, welches Medium geeignet ist. Manche Informationen lassen sich besser schriftlich (E-Mail) vermitteln, während andere besser am Telefon durchgegeben werden sollten. Teilweise werden Informationen am besten in einem persönlichen Gespräch unter vier Augen, in anderen Fällen besser im Rahmen einer Präsentation, übermittelt.

Ein Beispiel:
Kritik, die mit dem zwischenmenschlichen Verhalten einer Person zu tun hat, sollte möglichst immer in einem persönlichen Gespräch besprochen werden. Das liegt vor allem daran, dass solche Informationen schnell unangenehm für den Angesprochenen werden können. Es besteht ein Risiko, dass die Kritik als sehr persönlich empfunden wird. Außerdem kann es gut sein, dass die Person Beispiele hören oder darüber diskutieren möchte. Möglicherweise fühlt sie sich angegriffen und möchte ein paar klärende Worte sprechen. Solche Informationen schriftlich zu vermitteln, klingt außerdem so, als wolle man ein konfrontierendes Gespräch vermeiden. Geht es hingegen um das Feedback über einen Bericht oder ein Projekt, kann dies auch schriftlich stattfinden. Häufig eignet sich das schriftliche Medium sogar besser. Möchtest du beispielsweise bestimmte Details an einem Bericht korrigiert haben, ist es für den anderen sogar einfacher, wenn er diese schwarz auf weiß hat.

Frage den Empfänger deiner Nachricht stets nach seinem Verständnis deiner Botschaft, um sicherzustellen, dass sie ohne Missverständnisse angekommen ist. Sei offen für Rückmeldungen und passe deine Kommunikation gegebenenfalls an, wenn dir auffällt, dass noch keine klaren Botschaften ankommen.

Ein Exkurs zu Körpersprache und nonverbaler Kommunikation

Der österreichische Philosoph, Psychotherapeut und Kommunikationswissenschaftler Paul Watzlawick (1921–2007) sagte einmal: „Wir können nicht *nicht* kommunizieren."
Kein Satz machte diesen Kommunikationswissenschaftler berühmter als dieser. Die grundlegende Botschaft ist, dass jedes Signal eine Botschaft an einen anderen Menschen sendet – selbst wenn wir glauben, dass wir nicht kommunizieren würden. Bestimmt kennst du die folgende Situation:

Du bist mit einem anderen Menschen zusammen, der dich anschweigt. Selbst wenn du fragst, erhältst du maximal knappe Antworten. Das Schweigen interpretierst du als Botschaft. Diese Person könnte desinteressiert sein. Vielleicht ist dein Gesprächspartner auch einfach müde. Möglicherweise ist er sogar wütend auf dich. Um die Botschaft zu verstehen, nutzt du alle nonverbalen Signale, die du erhalten kannst. Wahrscheinlich achtest du dabei bewusst oder unbewusst auf die Körpersprache.

Da Schweigen sowohl unbewusst als auch bewusst ein Signal sein kann, kommt es leicht zu Missverständnissen. Doch auch klar formulierte Botschaften können zu Missverständnissen führen. Die Körpersprache unterstützt die Botschaft sowohl im Schweigen als auch im Sprechen. Neben der

Körpersprache aus Mimik, Gestik und Körperhaltung gibt es zudem weitere nonverbale Signale, die die Kommunikation beeinflussen. Dazu zählen beispielsweise:

- Haptik und Berührung
- Der Geruch
- Kleidung und Make-up (sogenanntes Impression-Management beziehungsweise Selbstdarstellung)
- Blickkontakt
- am Körper und an der Kleidung haftende Merkmale (einschließlich Make-up, Spinnweben, Staub usw.)

Viele Details geben mehr Auskunft über uns, als uns im Alltag bewusst ist. Viele Studien zeigen, dass beispielsweise Gerüche eine große Rolle spielen, auch wenn die Menschen es nicht wissen. Auch Impression-Management ist ein großes Thema. Unter Impression-Management versteht man Maßnahmen, um einen möglichst positiven (oder besonderen) Eindruck zu erzielen. Nonverbale Signale können gezielt Botschaften vermitteln – allerdings beinhalten sie auch ein starkes Interpretationsrisiko. Hier ein paar Beispiele, wie unterschiedliche Signale interpretiert werden können:

1. Starkes Make-up: „Ich möchte auffallen", „Ich möchte beeindrucken", „Ich möchte die unangenehmen Pickel in meinem Gesicht abdecken"

2. Spinnweben in der Kleidung: „Diese Kleidung ist alt", „Ich trage diese Kleidung selten", „Ich habe keine hohen Hygienestandards"

3. Sanfte Berührung der Hand beim Sprechen: Romantisches oder sexuelles Interesse, Vertrautheit

Nonverbale Kommunikation kann dir dienlich sein, um bestimmte Botschaften zu entschlüsseln. Du solltest dir jedoch stets darüber im Klaren sein, dass diese Signale anfällig für Falschinterpretationen sind. So kann Schweigen einerseits bedeuten, dass dein Gegenüber müde ist, andererseits, dass er dir gegenüber feindselig ausgerichtet ist. Nimmst du sein Schweigen als Feindseligkeit wahr, obwohl dies gar nicht der Fall ist, kann das unangenehme Folgen haben. Vergewissere dich daher stets, dass du keine voreiligen Interpretationen vornimmst. Nutze nonverbale Signale als Stütze, stelle aber immer Fragen, bevor du voreilige Schlussfolgerungen ziehst.

Hier findest du ein paar Beispiele für nonverbale Signale:

Signal	**Mögliche Bedeutung**
Verschränkte Arme	Abwehrhaltung, Schutzhaltung
Mit den Fingern trommeln	Nervosität, Rastlosigkeit, Zeitdruck
Auf die Uhr schauen	Zeitdruck, Nervosität, wartet auf etwas, gelangweilt
Hände reiben	Kalte Hände, Nervosität, plant etwas
Kopf auf die Hände stützen	Müdigkeit, Erschöpfung, gelangweilt
Augenkontakt vermeiden	Unsicherheit, verbirgt etwas
Augenkontakt suchen	Sucht nach der Wahrheit, möchte den Wahrheitsgehalt überprüfen, sucht Verbindung
Körper wegdrehen	Abwehrhaltung, Desinteresse, sucht einen Ausweg
Kopfkratzen	Ratlosigkeit, Verwirrung, Verzweiflung
Leichtes Nicken	Unbewusstes Zustimmen, möchte bewusst Zustimmung und Verständnis signalisieren, denkt über das Gesagte nach
Stirnrunzeln	Verwirrung, zweifelt die Aussage an
An den Hals fassen	Möchte sich schützen, fühlt sich bedroht, fühlt sich unwohl

Schwierige Gespräche führen

Ein schwieriges Gespräch zu führen, ist eine hohe Kunst. Eine gute Führungskraft muss jedoch dazu in der Lage sein, auch schwierige Gespräche zu führen. Daher hier ein paar Tipps für gelungene Kommunikation in komplizierten Lagen:

- Bereite dich gut vor: Überlege im Voraus, was du sagen und welche Ziele du mit dem Gespräch erreichen möchtest. Sammle Informationen und denke über mögliche Reaktionen oder Gegenargumente nach. Je besser du vorbereitet bist, desto einfacher kannst du deinen Standpunkt vertreten.
- Wähle einen guten und richtigen Zeitpunkt aus: Plane ausreichend Zeit ein, damit keine Unruhe entsteht. Außerdem solltest du stressige Situationen vermeiden. Nutze einen Zeitpunkt, der dafür geeignet ist, beiden Parteien die nötige Ruhe zu geben – vor dem ersten Kaffee am Morgen und in den letzten zehn Minuten vor Arbeitsschluss sind beispielsweise schlechte Zeiträume.
- Wähle einen guten Ort aus: Finde einen Ort für das Gespräch, an dem beide Parteien ungestört sind und keine Unterbrechungen zu erwarten sind. Achte darauf, dass der Ort neutral und angemessen ist, beispielsweise ein Besprechungszimmer. Dein eigenes Büro kann für ein Gespräch mit einem Mitarbeiter ungeeignet sein, da dies kein neutraler Ort für deinen Mitarbeiter ist.
- Formuliere professionell: Vermeide Schuldzuweisungen oder Angriffe, sondern konzentriere dich auf die Fakten und deine eigenen Gefühle oder Beobachtungen. Ich-Botschaften sind hilfreicher als Du-Botschaften. Vermittle lieber deinem Gegenüber, wie du dich in einer Situation fühlst, anstatt ihm die Schuld zu geben („Ich fühle mich nicht respektvoll behandelt" anstatt „Du bist respektlos" kann einen Unterschied machen).
- Bleibe lösungsorientiert: Konzentriere dich auf die Suche nach Lösungen, statt den Fokus auf die Probleme oder gar Vorwürfe zu legen. Gemeinsam nach Lösungen zu suchen, kann dazu beitragen, eine positive Atmosphäre zu schaffen und das Verständnis zwischen den Parteien zu verbessern. Außerdem wollt ihr das Problem nachhaltig beiseitelegen – an Vorwürfen festzuhalten, hilft niemandem auf Dauer.
- Bleibe ruhig und gelassen: Auch wenn die Situation emotional wird, solltest du nie die Fassung verlieren. Vermeide es, in einen Streit oder eine hitzige Diskussion zu geraten. Atme tief durch und versuche, sachlich zu bleiben. Verlasse die Situation zur Not für einen Augenblick und komm wieder, wenn der Ärger verdampft ist. Streitigkeiten, die emotional und laut sind, verschlimmern das Problem meist nur.
- Triff Vereinbarungen für die Zukunft: Versuche am Ende des Gesprächs, konkrete Vereinbarungen zu treffen – schließlich soll das Problem nachhaltig gelöst werden.

Zusammenfassend hier die wichtigsten Punkte im Bereich der Kommunikation:

- Beachte sowohl Körpersprache als auch verbale Sprache.
- Bleibe ruhig und gelassen.
- Bleibe stets sachlich und nicht persönlich.
- Lege den Fokus auf die Zukunft und Verbesserung.
- Praktiziere aktives Zuhören.
- Wähle stets den richtigen Ort und Zeitpunkt für das Gespräch.
- Überlege dir, ob ein schriftliches Medium besser für das Feedback geeignet ist.

Konfliktmanagement: Umgang mit Herausforderungen in der Führungsrolle

Ein seriöser Umgang mit Herausforderungen und Konflikten ist ein wichtiger Punkt für jede Führungskraft. Damit du mit Konflikten seriös umgehen kannst, musst du sie zunächst rechtzeitig erkennen. Es gibt eine Reihe von Warnsignalen, die zeigen, dass Konflikte im Anmarsch sind. Du erkennst, dass sich Konflikte anbahnen oder bereits vorhanden sind, vor allem daran, dass du deine Themen beobachtest und Spannungen wahrnimmst. Zu den wichtigsten ersten Spannungszeichen zählen die folgenden:

- Übermäßig sarkastische Bemerkungen
- Permanentes Unterbrechen in Teamdiskussionen
- Isolation einzelner Personen
- Vermehrtes Auftreten von Gerüchten
- Störungen im Informationsfluss
- Nonverbale Abwertungen, beispielsweise abschätzige Blicke, Augenrollen, Seufzen etc.
- Leistungsabfall im Team
- Motivationsabfall im Team
- Zahlreiches Fehlen von Mitarbeitern

Diese Liste ist keinesfalls abschließend, zeigt aber eines der wichtigsten Warnzeichen im Bereich der Konflikte. Warnzeichen wie diese solltest du stets ernst nehmen. Je früher du sie erkennst, desto besser kannst du handeln. Proaktiv zu handeln, zahlt sich bei Konflikten in der Regel aus. Wenn du Krisen und Konflikte bereits im Keim erstickst, kann es langfristig für ein besseres Zusammenarbeiten sorgen.

Konflikte zu lösen ist eine Fähigkeit, die manche Menschen sich erst aneignen müssen. Gerade als Führungsrolle ist diese Fähigkeit aber unerlässlich. Du musst stets dazu in der Lage sein, Konflikte zu meistern. Schließlich ist es in deiner Verantwortung gelegen, dass das Team zusammenhält und motiviert weiterarbeitet. Für die Konfliktlösung gibt es einige Ansätze.

Besteht ein Konflikt im Team und geht es dabei um ein gemeinsames Problem, kann sich das klassische Brainstorming als Konfliktlösungsstrategie eignen. Dabei sammeln alle Beteiligten gemeinsam Lösungsideen. Diese werden vorerst nicht bewertet. Auch unrealistische Vorschläge sind durchaus erwünscht. Erst, nachdem alle Ideen im klassischen Brainstorming gesammelt wurden, wird geprüft, was tatsächlich umsetzbar ist. Dies sollte in einer Diskussion entstehen, die durch die Führungsrolle geleitet wird. Auf diese Art kann jeder seine Ideen einbringen, ohne diese sofort bewertet zu bekommen. Das motiviert die Mitarbeiter, aktiv nach einer Lösung zu suchen.

Die Rolle des Mediators einnehmen

Besteht der Konflikt zwischen zwei Mitarbeitern, sind andere Methoden häufig effektiver. Haben zwei deiner Mitarbeiter Streit, kannst du als Leitung zum Schlichten die Mediator-Rolle einnehmen. Dabei leitest du das Streitgespräch zwischen beiden Mitarbeitern. Ein Mediator tritt dann in einen Konflikt ein, wenn dieser so festgefahren scheint, dass die beiden Beteiligten allein keine Lösung finden. Er agiert als unabhängige Person. Durch Denkanstöße versucht er, die gestörte Kommunikation wiederherzustellen. Als Mediator musst du also neutral bleiben. Sorge dafür, dass jeder ausreichend Redezeit bekommt und seine Argumente sachlich darstellen kann. Beleidigungen solltest du keinesfalls zulassen. Interveniere, wenn du siehst, dass das Gespräch nicht auf sachlicher und professioneller Ebene geführt wird. Nutze zirkuläre Fragen, um deine Mitarbeiter dazu zu bewegen, die Einstellung des jeweils anderen einzunehmen. Zirkuläre Fragen gehen gezielt auf die Situation der anderen Person ein.

Das Ziel einer Mediation ist immer, beide Konfliktparteien dazu zu bringen, sich einander anzunähern. Sie sollen in Eigenregie eine Lösung finden. Das bedeutet, du solltest ihnen keine Lösung vorgeben. Auch musst du darauf achten, dass du niemanden bevorzugst. Die gemeinsame Lösung sollte stets ein Gewinn für alle sein.

Eine Mediation läuft meist nach einem speziellen Schema ab. In der sogenannten Eröffnungsphase erklärt der Mediator, wie die Methode funktioniert. Außerdem werden gemeinsame Verhaltensregeln festgelegt, an die sich alle während der Sitzung halten müssen. Dazu gehört beispielsweise, dass sich jeder gegenseitig zuhört und ausreden lässt.

In der zweiten Phase geht es um die Themensammlung. Dabei erhält jede Partei die Gelegenheit, das Problem aus ihrer Sicht zu schildern. Eine zeitliche Begrenzung sollte es nicht geben. Als Mediator musst du jedoch darauf achten, dass beide Parteien ungefähr gleich lang sprechen. Durch diese Aussprache kannst du sehen, welche Standpunkte, Wünsche, Erwartungen und Ziele auf beiden Seiten bestehen. Möglicherweise musst du zwischendurch eingreifen, wenn die Emotionen nicht unter Kontrolle sind.

Im Anschluss ist es die Aufgabe des Mediators, durch gezielte Nachfragen Bedürfnisse und Gefühle hervorzurufen, von deren Existenz die beiden Konfliktparteien möglicherweise noch nichts wussten. Häufig reagieren Menschen mit Wut, obwohl sie eigentlich enttäuscht sind. Möglicherweise weiß einer deiner Mitarbeiter selbst nicht genau, warum ihn der Konflikt so aufregt. Es ist wichtig, dass du versuchst, alle Details zu erfahren.

Im vorletzten Schritt wird an Lösungsvorschlägen gearbeitet. Dabei musst du vor allem darauf achten, dass sich beide Parteien bemühen, die Gegenseite zu verstehen. Wie bereits erwähnt, ist es wichtig, dass du keine Lösung vorgibst. Du kannst aber Anstöße und Anregungen vermitteln.

Letztlich endet die Mediation in einer Abschlussvereinbarung. Einigungen sollten unbedingt schriftlich festgehalten werden.

Als Mediator solltest du vor allem entspannt bleiben und dich nicht unter Druck setzen lassen. Selbstsicherheit und sichere Kommunikation sind das A und O.

Ein Beispiel:
Wie geht es deinem Kollegen, wenn du dies machst? Wie würde der Kollege reagieren, wenn dieses Ereignis eintritt?

Diese Methode fördert den Perspektivenwechsel. Für beide Seiten wird es nun einfacher, einander nachzuvollziehen.

Konflikte entstehen aufgrund der unterschiedlichsten Dinge. Das zwischenmenschliche Zusammensein kommt kaum ohne sie aus. Möglicherweise finden Konflikte aufgrund von Eifersucht statt. Einige Menschen bringen außerdem private, persönliche Befindlichkeiten mit ins Team. Als Führungsrolle solltest du dafür besonders sensibel sein. Achte darauf, wenn dies geschieht, und versuche, dies sofort auszutreiben.

Ein Beispiel:
Du merkst, dass eines deiner Teammitglieder immer unangenehmer zu einem anderen Mitglied ist. In Meetings scheint die Kommunikation unfreundlich. Du solltest solche vermeintlichen Kleinigkeiten im Auge behalten. Es kann gut sein, dass ein größerer Konflikt dahintersteckt. In einigen Fällen kann es sich auch lohnen, den Mitarbeiter auf seine Kommunikation anzusprechen.

Motiviere deine Mitarbeiter, stets an einer gemeinsamen Lösung zu arbeiten. Erinnere sie daran, dass ihr ein Team seid und an demselben Ziel arbeitet. Eine glückliche Lösung für das Team bedeutet eine glückliche Lösung für das Unternehmen. Ihr sitzt alle im selben Boot. Es gibt kein Gegeneinander, sondern nur ein Miteinander. Eine gefundene Lösung sollte eine Win-win-Situation sein.

Entscheidungsfindung: Die Kunst, kluge Entscheidungen zu treffen

Kluge Entscheidungen zu treffen, ist ebenfalls eine hohe Kunst, die jede Führungskraft meistern muss. Jede kluge Entscheidung beginnt mit der richtigen Informationsbeschaffung. Als junge Führungskraft kann es eine Herausforderung sein, die richtigen Informationen zu erhalten. Zu Beginn solltest du stets das Problem definieren.

- Welche Entscheidung musst du treffen?
- Welches Problem soll damit gelöst werden?

Formuliere dies zunächst für dich selbst klar und präzise. Im nächsten Schritt überlegst du dir, welche Informationen du benötigst, um diese Entscheidung zu treffen. Welche Fakten und Daten sind deiner Meinung nach relevant? In einem klassischen Brainstorming kannst du dir mögliche Quellen für diese Informationen überlegen. Schaue im Anschluss, welche dieser Quellen tatsächlich umsetzbar und erhältlich sind. Im Anschluss geht es an eine ausgiebige Recherche. Benötigst du beispielsweise zahlreiches Fachwissen, um eine fundierte Entscheidung zu treffen, solltest du Bücher, Fachzeitschriften, Studien und Expertenmeinungen nutzen. Auch Onlineressourcen können heutzutage wertvoll sein. Achte jedoch darauf, stets seriöse Quellen zu nutzen. Kennst du Menschen, die mit dem Thema bereits in Berührung gekommen sind? Dann frage sie nach persönlichen Erfahrungen. Sammle Informationen im Rahmen von Gesprächen. Achte bei der Wahl der Informationen auch auf die Aktualität. Quellen, die mehrere Jahre oder sogar Jahrzehnte alt sind, sind möglicherweise nicht mehr auf dem neuesten Stand. Überprüfe sie daher. Vergleiche außerdem mindestens drei Quellen zum gleichen Thema. Nur so kannst du sichergehen, dass du seriöse Inhalte konsumierst. Widersprechen sich die Quellen inhaltlich, solltest du unbedingt weitere Informationsquellen nutzen. Versuche außerdem stets, verschiedene Perspektiven zu sammeln. Je mehr diverse Standpunkte du zu einem Thema oder zu einer Meinung findest, desto besser. So kannst du das Problem aus verschiedenen Blickwinkeln betrachten. Hole dir gerne auch Feedback von Leuten ein, die anderer Meinung sind als du. Das gilt insbesondere dann, wenn du dir deine Meinung zum Thema bereits gebildet hast. Das Feedback von jemandem, der dir widerspricht, kann sehr hilfreich sein. Schließlich erhältst du dadurch Gegenargumente, die du widerlegen solltest. Kannst du die Argumente nicht widerlegen, musst du möglicherweise noch etwas tiefer in die Recherche einsteigen. Außerdem bist du so bereits auf Widerstand vorbereitet.

Organisiere und strukturiere deine Informationen, bevor du eine Entscheidung triffst. So kannst du sicher sein, dass du einen Überblick behältst und nichts Wichtiges vergisst. Gewichte Informationen außerdem nach Relevanz und Bedeutung. Am Ende triffst du eine informierte Entscheidung, die auf deinen gesammelten und analysierten Informationen basiert.

Neben der richtigen Informationsbeschaffung ist auch ein ausgewogenes Risikomanagement wichtig für eine kluge Entscheidung. Mach dich immer mit den möglichen Risiken und Chancen vertraut. Sammle dabei nicht nur die Anzahl der Risiken, sondern auch deren Relevanz. Hast du beispielsweise eine Liste erstellt, auf der mindestens 5 oder 6 Risiken stehen, heißt das nicht unbedingt, dass diese Risiken auch wahrscheinlich sind. Eine Liste, auf der 5 Risiken aufgelistet sind, die alle sehr unwahrscheinlich sind, hat keine besonders hohe Relevanz. Eine Liste, die hingegen nur ein einziges Risiko aufzählt, das jedoch sehr wahrscheinlich ist, sollte dir stärker auffallen. Das Gleiche gilt auch für die Chancen. Versuche Pro und Contra jedes Mal sinnvoll abzuwägen.

- Welchen Gewinn kannst du aus der Entscheidung ziehen?
- Welchen Verlust kannst du daraus ziehen? Wie wahrscheinlich ist es, dass die Risiken eintreten?
- Wie wahrscheinlich sind die Gewinne?
- Wie viele Menschen profitieren von den Gewinnen?
- Wie viele Menschen würden starke negative Folgen erleiden, wenn die Entscheidung schiefgeht?

Diese und viele andere Fragen helfen dir dabei, eine fundierte Entscheidung zu treffen. Letztlich solltest du dich immer daran erinnern, was dir vergangene Entscheidungen bereitet haben. Welche Entscheidungen sind glücklich ausgegangen, welche unglücklich? Was kannst du aus den vergangenen Entscheidungen lernen? Versuche, dich stets daran zu erinnern und deine Entscheidungen im Nachhinein zu analysieren. Das gilt sowohl für positive als auch für negative Ergebnisse. Dadurch kannst du das nächste Mal diese Entscheidungen als Informationsquellen für die nächste Entscheidung nutzen.

11 Tipps, mit denen es dir gelingt, bessere Entscheidungen zu treffen:

1. Lege klare Ziele fest und versuche, Probleme früh zu erkennen. Welche Situation besteht in der Gegenwart? Welche Situation soll in der Zukunft bestehen? Daran erkennst du, woran gearbeitet werden muss.

2. Versuche, Visionen zu entwickeln. Eine Vision beschreibt, was du und dein Unternehmen in Zukunft erreichen wollt. Deine Vision darf ruhig mutig sein.

3. Kreiere ein Worst-Case-Szenario. Was kann im schlimmsten Fall durch deine getroffene Entscheidung geschehen? Welche Ereignisse können in der Zukunft eintreten? Denke daran, dass der Worst Case (aus dem Englischen = der schlimmste Fall) das ungünstigste Ergebnis für Unternehmen oder eine politische Entscheidung ist. Überlege dir das Szenario für alle potenziellen Entscheidungen. So kannst du sichergehen, dass du alles bedacht hast.

Außerdem merkst du häufig auch, dass manche Entscheidungen kaum zu schlimmen Szenarien führen können.

4. Versuche, eine Balance aus Kontrolle und Vertrauen zu erreichen. Zu viel von beidem kann schädlich sein. Denke immer daran, dass du ein gewisses Maß an Vertrauen zur Verfügung stellen musst, in besonders kniffligen Situationen ein wenig Kontrolle aber unumgänglich ist.

5. Recherchiere, um die Entscheidungszeit zu verkürzen. Wer gut recherchiert hat, vereinfacht den Entscheidungsprozess.

6. In Diskussionen und Abstimmungen sollten Entscheidungen dadurch beschleunigt werden, dass es nur ein Ja oder Nein gibt. Beginne gar nicht erst damit, Entscheidungsmöglichkeiten in eine Vielleicht-Kategorie einzuordnen. Eine Option wird entweder sofort aussortiert oder als gut befunden.

7. Ignoriere niemals deine Intuition. Das Bauchgefühl hat immer eine Meinung und die ist meistens richtig.

8. Habe einen Plan B parat. Plan B ist sozusagen ein Sicherheitsnetz, wirkt Stress entgegen und beruhigt.

9. Versuche, dich vom Perfektionismus zu verabschieden. Denke daran, dass Fehler ganz normal ist. Viele Menschen verzögern den Entscheidungsprozess, weil sie versuchen, alles perfekt zu machen. Das zögert die Entscheidung jedoch nur hinaus und minimiert das Risiko, Fehler zu machen, keinesfalls.

10. Versuche, von den Erfolgen anderer zu lernen. Orientiere dich an dem Erfolgswissen hochrangiger Persönlichkeiten. Suche dir im Zweifel auch externe Unterstützung.

11. Habe stets die Prioritäten vor Auge. Als Faustformel kannst du dir die folgenden Fragen stellen: Ist das, worüber ich mir jetzt Gedanken mache, in den nächsten zehn Stunden noch wichtig? Wird es in den nächsten zehn Tagen oder Monaten wichtig sein? Wird es in den nächsten 10 Jahren wichtig sein? Gedanken, die in den nächsten zehn Jahren oder schon in den nächsten zehn Monaten keine Bedeutung mehr haben werden, solltest du direkt abschütteln.

Die Führungskraft als Motivator

Hier lernst du, wie du als Führungskraft deine Mitarbeiter inspirieren und motivieren kannst. Es werden Strategien zur Förderung von Teamgeist und Zusammenarbeit sowie zur Anerkennung und Wertschätzung vorgestellt, um ein motivierendes Arbeitsumfeld zu schaffen.

Mitarbeiter inspirieren und motivieren

Es ist wichtig, dass Mitarbeiter motiviert sind, da Motivation einen direkten Einfluss auf die Leistung, Produktivität und Zufriedenheit am Arbeitsplatz hat. Motivierte Mitarbeiter sind bereit, ihr Bestes zu geben und sich für ihre Arbeit einzusetzen. Die Produktivität eines Mitarbeiters hängt erheblich mit seiner Motivation zusammen. Produktive Mitarbeiter wiederum steigern die Gesamtproduktivität des Unternehmens. Sie haben außerdem eine höhere Bindung an das Unternehmen und sind weniger geneigt, den Arbeitsplatz zu wechseln. Da das Rekrutieren und Einarbeiten neuer Mitarbeiter zahlreiche Ressourcen kostet, ist es für jedes Unternehmen wichtig, gute Mitarbeiter zu halten.

Motivierte Mitarbeiter tragen zudem positiv zur Teamdynamik bei. Sie unterstützen ihre Kollegen, teilen Wissen und Ideen und arbeiten gut zusammen. Dies fördert ein harmonisches Arbeitsumfeld und verbessert die Zusammenarbeit. Arbeiten diese Mitarbeiter mit Kunden zusammen, wirkt sich dies auch gut auf die Kundenbindung aus. Motivierte Mitarbeiter sind in der Regel freundlicher, aufmerksamer und engagierter im Umgang mit ihren Mitmenschen. Das unterstützt eine gute Kundenerfahrung und damit eine langfristige Kundenbindung.

Nicht zuletzt sind motivierte Mitarbeiter meist offener für neue Ideen und Innovationen. Das wiederum fördert die Entwicklung des Unternehmens.

Exkurs: Intrinsische vs. extrinsische Motivation

Intrinsische Motivation bezieht sich auf die Motivation, die aus dem inneren Antrieb einer Person kommt. Sie ist von persönlichem Interesse, Freude oder Befriedigung an der Aktivität selbst abhängig. Dieser steht die extrinsische Motivation gegenüber. Diese wiederum ist nicht von einer inneren Einstellung abhängig, sondern von äußeren Belohnungen oder Anreizen. Diese Anreize sind beispielsweise Geld, Anerkennung oder Bestrafung.

Beispiele für intrinsische Motivation:

- Selbstbestimmung
- Interesse und Neugierde
- Freude an Herausforderungen
- Innere Wertvorstellungen
- Innere Höhengefühle
- Empfinden einer Berufung

Beispiele für extrinsische Motivation:

- Gehaltszahlungen und Boni
- Beförderungen
- Geschenke und Belohnungen

Intrinsische Motivation ist oft nachhaltiger als extrinsische Motivation. Menschen, die intrinsisch motiviert sind, haben eine höhere Wahrscheinlichkeit, langfristig an einer Aktivität dranzubleiben und kontinuierlich daran zu arbeiten. Die innere Befriedigung wirkt nachhaltiger als externe Anreize, die häufig vergänglich sind. Aus diesem Grund ist eine visionäre Führung so wichtig: Wenn es dir gelingt, deine Mitarbeiter mit einer inneren Einstellung zu motivieren, wirst du sie langlebiger an das Team und somit an das Unternehmen binden können.

An dieser Stelle ein paar Tipps, um die intrinsische Motivation von Mitarbeitern zu fördern:

- Anerkennung und Wertschätzung sind die wichtigsten Motivatoren. Anerkennung bezieht sich grundsätzlich auf die Leistung einer Person. Wertschätzung bezieht sich häufig auf die Person selbst. Regelmäßige Anerkennung und Wertschätzung kosten den Chef meistens nur wenige Sekunden, haben aber eine enorme Wirkung.
- Stelle stets den Sinn der Arbeit und des Produktes heraus. Gerade für jüngere Generationen ist es wichtig, dass Arbeit sinnhaft ist. Je stärker sich Mitarbeiter damit identifizieren können, desto größer ist die Motivation.
- Erfrage individuelle Werte. Wenn du dein Team intrinsisch motivieren möchtest, musst du wissen, was jedem Einzelnen wichtig ist. Dann verstehst du die Bedürfnisse und kannst darauf eingehen.
- Lege angemessene Aufgabenbereiche und Verantwortungsbereiche fest. Setze Mitarbeiter möglichst so ein, dass sie ihre Stärken nutzen können. Auch das wird nachhaltig motivieren.
- Biete ihnen Weiterentwicklungsmöglichkeiten an. Nicht jeder möchte sich stark im beruflichen Feld weiterentwickeln, aber viele Mitarbeiter haben den Wunsch, sich mehr zu entfalten. Wer den Drang hat, sollte auch die Möglichkeit bekommen. Das muss nicht immer die teuerste Schulung sein. Auch Inhouse-Seminare und Mentoren oder Webinare können neue Kompetenzen vermitteln. Das Wichtigste ist, dass die Mitarbeiter zu jedem Zeitpunkt wissen, welche persönliche Entwicklung sie erwarten dürfen.
- Versuche, den Teamgeist, den Spaß und die Freude an der Arbeit zu fördern. Regelmäßige Aktivitäten können den Teamzusammenhalt stärken. Das wiederum erhöht auch die Motivation am Arbeitsplatz.
- Versuche, flexible Arbeitsmodelle anzubieten, sofern dies möglich ist. Haben Mitarbeiter mehr Flexibilität in Zeit und Ort, hilft ihnen das, ihre Werte besser in Einklang mit der Arbeit zu bringen. Das fördert die Selbstentwicklung und stärkt die Bindung zum Arbeitsplatz.
- Das Wichtigste ist, dass du stets deine Werte vorlebst. Du musst für die Werte, die du vermittelst, stehen können. Das bedeutet, du musst ein Vorbild sein. Behalte also stets auch deine eigenen Werte im Blick.

Förderung von Teamgeist und Zusammenarbeit

Auch bei der Teambildung spielt Führung oft eine wichtige Rolle. Für den Erfolg des Unternehmens ist es sehr wichtig, ein Team zu bilden, das gut zusammenarbeitet und sich gegenseitig vertraut. Der Aufbau eines Teams beginnt mit der Rekrutierung von Mitarbeitern. Dabei geht es zum Beispiel darum, die richtige Anzahl an Mitarbeitern einzustellen. In diesem Fall ist es notwendig, gute Arbeitsbedingungen für die Mitarbeiter zu schaffen, um eine Arbeitskultur zu schaffen, die von der gesamten Organisation akzeptiert wird. Auch bei der Gruppenbildung sind Teambuilding-Maßnahmen wichtig. Letztendlich hat die Art und Weise, wie das Management ein Team führt, großen Einfluss auf die Zusammenarbeit der Mitarbeiter. Wenn eine respektvolle Arbeitskultur besprochen und umgesetzt wurde, werden sich auch die Mitarbeiter verbessern. Sie lernen, bei Bedarf Kompromisse einzugehen und einander zu vertrauen. Zu einer sicheren Teamführung gehört es, Mitarbeiter zu fördern und zu fordern.

Um das Teamgefühl zu stärken, sind teambildende Maßnahmen wichtig. Gemeinsame Aktivitäten, die regelmäßig außerhalb der Arbeitsräume stattfinden, können für einen stärkeren Zusammenhalt sorgen und langfristig auch den Gemeinschaftssinn stärken.

Beispiel:
Regelmäßige Teambuilding-Aktivitäten:

- Outdoor-Abenteuerspiele,
- Grillabende im Sommer,
- Escape-Rooms,
- Sportturniere oder
- gemeinsame Ausflüge.

Teamwork-Projekte: Projekte, bei denen das gesamte Team zusammenarbeiten muss, um ein gemeinsames Ziel zu erreichen, etwa Wohltätigkeitsveranstaltungen, Firmenevents oder kreative Projekte. Durch die Zusammenarbeit an solchen Projekten lernen die Teammitglieder, effektiv zusammenzuarbeiten und ihre individuellen Fähigkeiten zu nutzen und zu kombinieren.

Team-Meetings: Regelmäßige Team-Meetings, in denen alle Mitglieder ihre Ideen und Meinungen austauschen können. Diese Meetings bieten eine Plattform für offene Kommunikation, Problemlösung und Entscheidungsfindung im Team.

Team-Building-Spiele und -Übungen: Regelmäßige kurze Team-Building-Spiele oder -Übungen, um das Vertrauen, die Zusammenarbeit und den Spaß im Team zu fördern, beispielsweise Icebreaker-Spiele, Vertrauensübungen oder Problemlösungsspiele.

Sogenannte Icebreaker-Spiele sind beispielsweise Spiele, die zum Kennenlernen in Gruppen genutzt werden. Dies könnte beispielsweise eine Vorstellungsrunde sein, in der jeder einen Fun Fact über sich erzählt. Häufig wird auch das Spiel „Zwei Wahrheiten und eine Lüge“ gespielt. Dabei erzählt jeder, nachdem er sich kurz mit Namen vorgestellt hat, zwei Wahrheiten über sich und eine Lüge. Im Anschluss sollen die anderen herausfinden, was die Lüge war. Dies dient dazu, sich besser kennenzulernen.

Anerkennung und Wertschätzung: Der Schlüssel zur Mitarbeiterbindung

Mitarbeiter sind motivierter, wenn sie ausreichend Anerkennung erhalten. Zu diesem Thema wurden bereits viele Worte in vorangegangenen Kapiteln verfasst. Grundsätzlich solltest du dich stets daran erinnern, dass du dich mit Lob nie zurückhalten musst, wenn es angebracht ist. Versuche, Mitarbeiter außerdem so einzusetzen, dass sie ihre Stärken sinnvoll einbringen können. Anerkennung und Wertschätzung sind die Schlüsselfaktoren zur Mitarbeiterbindung. Ein Mitarbeiter, der spürt, dass er wertgeschätzt wird, wird wesentlich motivierter arbeiten und wesentlich länger im Unternehmen bleiben wollen. Verantwortung und Entfaltungsspielraum sind wichtig, insbesondere dann, wenn es sich um Mitarbeiter handelt, die sich gerne weiterentwickeln wollen. Siehst du also, dass ein Mitarbeiter gute Arbeit leistet, darfst du ihm gerne mehr Verantwortung übergeben. Erklärst du dem Mitarbeiter auch, dass er die Verantwortung erhält, weil er gut gearbeitet hat, wird ihn das langfristig weiter motivieren, Gas zu geben. Schließlich hat er daraus gelernt, dass gute Arbeit belohnt wird. Anerkennung und Wertschätzung können zweierlei Motivation bedienen. Auf der einen Seite sind sie ein äußerer Motivationsfaktor, auf der anderen Seite dienen sie meistens als interner Motivationsfaktor, der beispielsweise in Form von einem Wunsch nach Weiterbildung vorliegt. Daher wirkt Wertschätzung in der Regel am besten, wenn sie nicht nur in Form von lobenden Worten ausgesprochen wird, sondern auch durch aktive Handlungen gezeigt wird. Wertschätzung in Form von netten Worten ist eine Sache, Wertschätzung in Form von Übertragung von mehr Verantwortung oder anderen Aufgaben kann durchaus tiefgreifender sein.

Effektives Zeitmanagement für Führungskräfte

Dieses Kapitel widmet sich dem Thema Zeitmanagement für Führungskräfte. Es werden Techniken zur Prioritätensetzung und Identifizierung von Zeitdieben behandelt sowie die Bedeutung einer ausgewogenen Work-Life-Balance für eine effektive Führungskraft betont.

Prioritäten setzen und Zeitdiebe erkennen

In deiner Führungsrolle wirst du mit zahlreichen Aufgaben konfrontiert werden. Das bedeutet, dass du lernen musst, Prioritäten zu setzen. Es wird viele Tage geben, an denen du das Gefühl hast, du hast deutlich mehr Aufgaben als Zeit. Mit ein paar Tricks und Tipps gelingt es dir jedoch, deine Aufgaben zu überblicken und zu priorisieren.

Den Überblick behalten

Erstelle dir eine To-do-Liste und schreibe alle anstehenden Aufgaben auf. Dies hilft dir dabei, einen Überblick über deine Aufgaben zu behalten und sie besser zu organisieren. Versuche, dies zur Routine zu machen. Du kannst die Liste beispielsweise am Vorabend oder als Erstes am Morgen des jeweiligen Tages machen.

Entscheide, was dringend ist

Um Prioritäten festzulegen, musst du wissen, welche Aufgaben besonders wichtig sind und zeitnah erledigt werden müssen. Überprüfe daher immer, was eilig ist. Welche Aufgaben haben eine Deadline? Welche dulden keinen zeitlichen Aufschub? Priorisiere die Aufgaben in deiner To-do-Liste, die einen engen Zeitrahmen haben oder wichtigen Fristen unterliegen.

Berücksichtige daneben auch die Wichtigkeit: Welche Aufgaben sind für deine Ziele am wichtigsten? Konzentriere dich nach Möglichkeit auf diejenigen, die einen großen Einfluss auf deine Arbeit oder die Zukunft des Teams bzw. Unternehmens haben.

Denke darüber nach, welche Ressourcen für jede Aufgabe benötigt werden und ob es Abhängigkeiten gibt, die berücksichtigt werden müssen. Dies kann dir helfen, realistische Prioritäten zu setzen. Welche Aufgaben verlangen beispielsweise reichlich Geld oder Personal? Wo stehen Ressourcen wie Personal, Fördergelder oder Ähnliches in Abhängigkeit von der Erledigung von Aufgaben?

Beispiel:
Muss ein Bericht eingereicht werden, um Fördergelder für Projekte zu erhalten, kann dies eine hohe Priorität sein. Hier stehen Gelder in direkter Abhängigkeit von einer Aufgabe (den Bericht einreichen).

Setze nach diesen Mustern deine Prioritäten fest und schreibe sie nieder. Nach dem Motto „eat the frog first“ (aus dem Englischen = „Iss den Frosch zuerst; bedeutet so viel wie „Erledige die unangenehmen Aufgaben zuerst“) solltest du die wichtigsten und größten Aufgaben stets zuerst erledigen. Mache sie zu einer Priorität direkt am Morgen und halte dich nicht lange mit anderen Aufgaben auf.

Wenn du in einem Team arbeitest, ist es zudem wichtig, deine Prioritäten mit anderen zu teilen. Dies hilft bei der Koordination und stellt sicher, dass alle auf dem gleichen Stand sind. Bedenke, dass Prioritäten sich im Laufe der Zeit ändern können. Versuche also, ein gewisses Maß an Flexibilität zu bewahren.

Zeitfresser identifizieren

Zeitfresser sind Aufgaben, die viel Zeit in Anspruch nehmen, aber wenig oder keinen Mehrwert für deine Ziele bieten. Identifizierst du solche Aufgaben, solltest du sie entweder delegieren oder ganz vermeiden. Zeitfresser können diverse Hintergründe haben. Sind sie beispielsweise für dich irrelevant, für das Unternehmen jedoch unumgänglich, sind sie für dein Aufgabenfeld dennoch Zeitfresser. In dem Fall kannst du die Aufgabe zwar nicht ganz fallen lassen, du kannst sie jedoch abgeben. Anzeichen für Zeitfresser lauten wie folgt:

- Geringe Wichtigkeit der Aufgabe
- Niedriger Nutzen für deine eigenen Ziele
- Hoher zeitlicher Aufwand, der in keinem Verhältnis zu den Vorteilen steht
- Ablenkung von wichtigeren Aufgaben
- Geringe Motivation auf deiner Seite, weshalb du dich häufig unnötig lange mit diesen Aufgaben aufhältst
- Geringe Auswirkungen bei Nicht-Erfüllung

Ob eine Aufgabe nur für dich ein Zeitfresser ist und delegiert werden muss oder generell als Zeitfresser betrachtet werden kann und daher gänzlich gestrichen werden darf, musst du selbst entscheiden. Die folgenden Fragen helfen dabei, Zeitfresser zu identifizieren, die du gänzlich streichen kannst:

1. Hat die Nicht-Erfüllung einen (großen) negativen Einfluss auf das Team oder das Unternehmen?

2. Dient die Aufgabe der Zielerreichung deines Teams?

3. Unterstützt die Aufgabe deine Wertvorstellungen?

4. Bietet die Aufgabe einen Mehrwert für potenzielle Kunden?

5. Bereitet die Aufgabe einem oder mehreren Teammitgliedern Freude?

Kannst du alle Fragen mit Nein beantworten, ist die Aufgabe möglicherweise redundant.

Delegieren: Die Kunst, Verantwortung abzugeben

Eine Führungskraft muss Aufgaben sicher delegieren können. Manchen Menschen fällt dies naturgemäß leicht. Andere wiederum haben Schwierigkeiten damit, Aufgaben abzugeben. Das Delegieren von Aufgaben bedeutet nicht nur, Dominanz zu zeigen. Viele Menschen gehen fälschlicherweise davon aus, dass es ausreicht, anderen mitzuteilen, was sie zu tun oder zu lassen haben. Die hohe Kunst der Delegation liegt jedoch darin, Verantwortung abzugeben. In dem Moment, in dem du eine Aufgabe delegierst, bedeutet das, dass du die Verantwortung an die entsprechende Person weiterleitest. Das wiederum bedeutet, dass es nicht mehr in deiner Hand liegt, ob die Aufgabe erfüllt wird und wie sie erfüllt wird.

Die folgenden Tipps können dir dabei helfen, erfolgreich zu delegieren.

- **Überprüfe deine Einstellung:** Denke daran, dass du nicht der einzige Mensch auf der Welt bist, der Dinge gut und zufriedenstellend erledigen kann. Viele Menschen haben Angst davor, Verantwortung abzugeben, weil sie im Inneren davon überzeugt sind, dass ein anderer Mensch die Aufgaben nicht vollständig erledigt. Viele Menschen machen sich Sorgen, dass mit der Abgabe der Verantwortung das Scheitern vorprogrammiert ist. Wenn du Schwierigkeiten damit hast, Aufgaben zu verteilen, solltest du diese Einstellung überprüfen. Hast du insgeheim Sorge, dass andere Menschen die Aufgaben nicht genauso gut erledigen wie du? Dann versuche, dich daran zu erinnern, dass du ein fähiges Team hast. Sicherlich sind die Leute kompetent genug und du solltest ihnen vertrauen. Natürlich kann es sein, dass das eine oder andere Teammitglied die Aufgabe nicht zur vollsten Zufriedenheit erfüllen wird. Das bedeutet aber erstens nicht, dass dieses Teammitglied nicht an der Aufgabe lernen kann. Zweitens handelt es sich dabei um eine bestimmte Person, während ein anderes Teammitglied die Aufgabe möglicherweise herausragend erledigt hätte. Im Klartext: Selbst, wenn ein Teammitglied an einer Aufgabe scheitert, bedeutet das nicht, dass du langfristig nie wieder Aufgaben abgeben solltest. Erinnere dich immer daran.
- **Identifiziere die richtige Zielperson:** Es wird dir deutlich einfacher fallen, eine Aufgabe abzugeben, wenn deine Zielperson dir zuverlässig erscheint. Beginne also bei den Menschen, denen du vertraust. Selbst wenn du gerade erst anfängst, dein Team zu leiten, kannst du eine Vorauswahl treffen. Sicherlich gibt es einige Mitarbeiter, die einen besonderen Erfahrungsschatz haben oder ein besonderes Expertenwissen in bestimmten Bereichen besitzen. Verteile Aufgaben nach Erfahrung und Fachkenntnissen. Identifiziere stets eine gute Zielperson für die besondere Aufgabe. Die Erfolgschancen sind dann deutlich größer und es wird dir in Zukunft leichter fallen, Aufgaben zu verteilen.

- **Formuliere klare Erwartungen an die Ergebnisse:** Wenn du eine Aufgabe erfolgreich delegieren möchtest, solltest du der Zielperson genau erzählen, welche Ergebnisse du erwartest. Definiere dabei nur das Was, nicht das Wie. Du solltest deinen Mitarbeitern erzählen, welches Ergebnis du erwartest, ihnen aber keine Schritte vorgeben, wie sie dahin gelangen. Andernfalls gibst du die Verantwortung nicht vollständig ab. Klare Erwartungen an die Ergebnisse sorgen jedoch dafür, dass der Mitarbeiter genau weiß, was am Ende verlangt wird. Außerdem gibt es dir die Sicherheit, dass beide Seiten verstanden haben, worum es bei der Aufgabe geht.
- **Gib deinem Mitarbeiter Rahmenbedingungen:** Das bedeutet vor allem, dass du ihn darüber informierst, welche Befugnisse und Verantwortlichkeiten mit der Aufgabe in Verbindung stehen. Dazu gehören beispielsweise die Ressourcenbeschaffung und eventuell eine Berichterstattung, falls gewünscht. Auch das Vorgeben einer klaren Deadline gehört zu den Rahmenbedingungen. Teile deinem Mitarbeiter genau mit, bis wann du die Ergebnisse benötigst. Achte stets darauf, ein konkretes Datum zu formulieren. Bist du dir selbst nicht ganz sicher, an welchem Tag du die Ergebnisse benötigst, so nenne lieber ein Datum, das etwas früher liegt. Du kannst die Deadline immer noch im Nachhinein verlängern. Sie zu verkürzen, würde den Mitarbeiter allerdings in Schwierigkeiten bringen. Außerdem solltest du stets einen Puffer für Verbesserungen einplanen. Denke daran, dass das Ergebnis nach der Abgabe möglicherweise nicht vollständig zufriedenstellend ist. Es kann gut sein, dass du deinen Mitarbeiter darum bitten musst, bestimmte Fehler zu beseitigen. Daher ist es wichtig, die Deadline ausreichend früh anzusetzen.
- **Stehe für Unterstützung zur Seite, vermeide jedoch die Rückdelegation:** Verantwortung abzugeben bedeutet auch, dass du den Mitarbeiter alleine arbeiten lässt. Du solltest ihm nicht ständig über die Schulter gucken. Gleichzeitig ist es wichtig, ansprechbar zu sein, falls er Fragen hat oder Hilfe benötigt. Signalisierst du, dass du bei Fragen zur Verfügung stehst, gibt dies dem Mitarbeiter Sicherheit. Denke daran, dass du am Anfang wahrscheinlich viel Zeit mit Erklärungen verbringen wirst, wenn du den Mitarbeiter erst anlernst. Je mehr Aufgaben du anfangs alleine übernommen hast, desto länger dauert es, deine Mitarbeiter in die verschiedenen Bereiche einzuarbeiten. Mit der Zeit wird sich dies jedoch geben. Vermeide in jedem Fall eine Rückdelegation. Hast du die Aufgabe an einen Mitarbeiter übergeben, hat dieser sie zu erfüllen. Erinnere deinen Mitarbeiter an die Verantwortung, wenn er zu häufig zu dir zurückkommt.

- **Stehe motivierend zur Seite:** Während des gesamten Projektes solltest du versuchen, deinen Mitarbeiter zu motivieren. Zeige ihm die Wichtigkeit der übertragenen Aufgabe auf. Erkläre ihm, warum die Aufgabe für das Team oder das Unternehmen von Nutzen ist. Das wird die Motivation sehr wahrscheinlich deutlich steigern. Motivieren kann auch sein, dass du zu verstehen gibst, dass du Vertrauen in ihn hast. Viele Mitarbeiter fühlen sich angespornt, wenn ihnen klare Verantwortung zugewiesen wird.
- **Erkundige dich nach Zwischenständen:** Im Idealfall hast du bereits am Anfang festgelegt, in welchen Abständen du Feedback erhalten möchtest. So kannst du beispielsweise bestimmte Zwischenschritte benennen. Alternativ kannst du auch einen Zeitrahmen festlegen. So kannst du dem Mitarbeiter beispielsweise sagen, dass er nach den ersten drei Wochen zu dir kommen und berichten soll. Solche Vereinbarungen sorgen dafür, dass der Mitarbeiter sichergehen kann, dass er früher oder später die Möglichkeit hat, Fragen zu stellen. Er weiß außerdem, dass er rechtzeitig mit der Arbeit anfangen muss, um dir Feedback zu geben. Du auf der anderen Seite hast die Sicherheit, dass du zwischendurch über Feedback informiert wirst. Du verlierst die Aufgabe also nicht völlig aus den Augen und kannst den Fortschritt beobachten. Zögere nicht, den Mitarbeiter an die Vorgaben zu erinnern oder nachzufragen, wenn er nicht von selbst auf dich zukommt.
- **Sorge für eine gute Auswertung des Ergebnisses:** Die Verantwortung für das Durchführen der Aufgabe hast du abgegeben. Die Gesamtverantwortung für das Projekt, das Team oder vielleicht sogar das Unternehmen liegt jedoch letztlich weiterhin in der Hand der Leitung. Das bedeutet, dass du die Ergebnisse kontrollieren musst. Du solltest dabei sehr sorgfältig sein. Dies ist nicht nur in deinem Interesse, sondern auch im Interesse des jeweiligen Mitarbeiters. Nur wenn du das Ergebnis sorgfältig unter die Lupe nimmst, kannst du ehrliches Feedback geben. Ehrliches, konstruktives Feedback wiederum ist wichtig für den Mitarbeiter, um Fehler zu beseitigen und sich beim nächsten Mal zu verbessern. Du solltest ein Ergebnis nur dann akzeptieren, wenn es vollständig ist und du wirklich hinter dem Ergebnis stehen kannst. Andernfalls darfst du den Mitarbeiter gerne darum bitten, die Arbeit zu verbessern.
- **Gib Feedback und Wertschätzung:** Teile deinem Mitarbeiter mit, was gut gelaufen ist. Gib allerdings auch konstruktive Kritik, dort, wo sie angebracht ist. Hat er die Arbeit gut erledigt, ist Wertschätzung ein Muss. Werden die Ergebnisse öffentlich oder in großer Runde bekannt gegeben, solltest du kommunizieren, wem die gute Arbeit zu verdanken ist. Das sorgt für Vertrauen auf der Seite deines Mitarbeiters und stabilisiert die Bindung.

Für erfolgreiches Delegieren ist Vertrauen auf beiden Seiten notwendig. Du musst davon ausgehen dürfen, dass der Mitarbeiter die Aufgabe zu deiner Zufriedenheit durchführt. Gleichzeitig muss der Mitarbeiter darauf vertrauen dürfen, dass du bei Fragen zur Seite stehst. Das Übertragen von Verantwortung kann deinem Mitarbeiter das Gefühl geben, dass du ihm vertraust. Das wiederum wird ihm das Gefühl geben, dass er respektiert und wertgeschätzt wird. Die Bindung zu deinem Mitarbeiter kann dadurch stark profitieren. Gerade, wenn dein Team neu ist oder du in der Führungsposition neu bist, musst du vielleicht einen Vertrauensvorschuss geben. Das bedeutet, dass du deinem Mitarbeiter Vertrauen entgegenbringen musst, auch wenn du ihn noch nicht gut kennst. Vertrauen entsteht über Zeit. Je häufiger du die Aufgaben verteilst und positive Ergebnisse bekommst, desto größer wird das Vertrauen. Auch das Vertrauen auf Mitarbeiterseite wächst, je häufiger sie Verantwortung erhalten. Sie fühlen sich dann gesehen.

Exkurs: Vertrauen und Kontrolle

Vertrauen und Kontrolle sind beide für die Führung wichtig. Das richtige Verhältnis zu finden, ist jedoch nicht immer ganz leicht. Vertrauen ist eine der tragenden Säulen jeder Beziehung. Dabei ist es egal, ob es sich um Freundschaft, Liebe oder ein berufliches Miteinander handelt. Wer einem anderen Menschen vertraut, zeigt, dass er ihn respektiert, seinen Worten Glauben schenkt und an die Richtigkeit seiner Handlung glaubt. Das stärkt die Bindung enorm. Studien zeigen, dass es auch in einem Unternehmen wichtig ist, dass das Team der Führungskraft vertraut und umgekehrt. Vertraut ein Team, kann die Leitung Fehler machen, ohne dass das Team die Zuversicht verliert. Vertrauen basiert meistens auf gegenseitiger Basis. In jeder Beziehung startet immer eine Person mit einem Vertrauensvorschuss. In einem Unternehmen ist es häufig die Leitung. Du vertraust darauf, dass deine Mitarbeiter optimal im Sinne des Unternehmens arbeiten werden. Daher erhalten Sie mehr Freiräume und mehr Verantwortung. Natürlich ist dies in einem gewissen Maße riskant. Allerdings zahlt es sich meistens aus. Bietest du deinen Mitarbeitern einen Vertrauensvorschuss, erhältst du das Vertrauen in der Regel auch zurück. Dazu kannst du einige andere Dinge unternehmen, um Vertrauen zu gewinnen. Vor allem Menschen, die verlässlich, berechenbar und transparent sind, sind in der Regel vertrauenswürdig. Können sich die Mitarbeiter auf dich verlassen und empfinden sie dich nicht als sprunghaft oder unzuverlässig, kannst du mit höherem Vertrauen rechnen. Stehe stets zu dem, was du gesagt hast. Halte dich an deine Zusagen und leugne keine Aussagen, die du wirklich getätigt hast. Bleibe echt und authentisch. Stelle dich schützend vor dein Team, wenn es notwendig wird. Stehe stets hinter deinem Team, wenn es darauf ankommt.

So wertvoll Vertrauen auch ist, so schädigend kann blindes Vertrauen sein. Es geht immer darum, die passende Balance zwischen Vertrauen und Kontrolle zu finden. Im Idealfall beginnst du damit, nur Ergebnisse und Ziele zu kontrollieren, aber nicht den Weg dorthin. Das bedeutet, du delegierst beispielsweise Aufgabenpakete an deine Mitarbeiter und besprichst, wie das Ergebnis aussehen soll. Im Anschluss schenkst du ihnen Vertrauen, dass sie dieses Ergebnis erreichen oder dass sie sich bei dir melden, wenn sie Hilfe brauchen. Ist ein Termin vereinbart, bis wann das Ergebnis vorliegen soll, kontrollierst du zu diesem Termin, ob das Ergebnis auch erreicht wurde. Ein wenig mehr Kontrolle darf es dann sein, wenn Mitarbeiter vollkommen neu in dem Bereich sind und Aufgaben übernommen haben. Dann kann eine stärkere Begleitung notwendig und hilfreich sein. Wie bereits zuvor erwähnt, hängt es auch immer ein wenig vom Mitarbeiter ab. Manche Mitarbeiter arbeiten am besten, wenn sie möglichst viel Freiheit sehen. Andere Mitarbeiter wünschen sich ein wenig mehr Kontrolle und Unterstützung. Das richtige Maß für jeden Mitarbeiter findest du im Laufe der Zeit heraus.

Das Verteilen von Aufgaben ist außerdem auf Mitarbeiterseite unbedingt notwendig, um Entfaltungsmöglichkeiten wahrzunehmen. Nur, wenn die Mitarbeiter hin und wieder Verantwortung übernehmen und frei arbeiten können, können Sie sich weiterentwickeln. Daher sorgt das Delegieren auch dafür, dass Mitarbeiter das Gefühl haben, dass sie Entwicklungschancen haben. Das wiederum wirkt sich in der Regel positiv auf die Team- und Unternehmensbindung aus.

Work-Life-Balance: Die eigene Energie und Gesundheit als Führungskraft schützen

Um als Führungskraft erfolgreich zu sein, solltest du auch eine gute Work-Life-Balance führen. Dies ist essentiell. Nur wenn du dich ausreichend um dich selbst kümmerst, kannst du auch im Beruf volle 100 % geben. Leider ist dies ein Punkt, den viele Menschen vernachlässigen. Gerade am Anfang der Karriere haben viele Menschen das Bedürfnis, ständig „Gas zu geben" und stets zu arbeiten. Denke jedoch daran, dass du sowohl für dich selbst als auch für dein komplettes Umfeld eine kluge Entscheidung triffst, wenn du dich um dich selbst kümmerst.

Selbstfürsorge für die Karriere und das Privatleben

Eine gute Work-Life-Balance und das Wohlbefinden am Arbeitsplatz sind entscheidend für langfristigen Erfolg und Zufriedenheit im Berufsleben. Wer sich nicht ausreichend um sich selbst kümmert, kann früher oder später ein Burnout erleben oder langfristig an chronischem Stress leiden. Ein Burnout entsteht, wenn Körper und Geist ihre Grenzen erreichen. Menschen, die ständig überarbeitet sind, erfahren oft einen starken Abfall an psychischer und physischer Stabilität. Das Burnout (aus dem Englischen = ausgebrannt) bezeichnet den Zustand, in dem der Mensch seine Reserven voll ausgeschöpft hat. Häufig geht dies mit einem Gefühl völliger Erschöpfung, Verzweiflung und Ratlosigkeit einher. Stress ist einer der größten Risikofaktoren für zahlreiche andere Krankheiten, darunter beispielsweise Herz-Kreislauf-Probleme und sogar Krebs. Dies kann deine Karriere beeinflussen bzw. sogar unterbrechen. Vor allem dein Privatleben wird dadurch gefährdet. Denke daran, dass du dein Leben, abseits der Karriere, ebenfalls priorisieren darfst.

Für die Karriere hat Selbstfürsorge noch einen weiteren Vorteil. Wenn du dich um dich selbst kümmerst, kannst du deine Energie und Konzentration besser nutzen. Dadurch arbeitest du effizienter. Außerdem können Stress und Überlastung die Fähigkeit beeinträchtigen, klare Entscheidungen zu treffen. Insgesamt sorgt es also für ein deutlich effektiveres Arbeiten, wenn du dir regelmäßig Auszeiten nimmst.

Auch das Arbeitsklima kann sich durch deine Selbstfürsorge verbessern. Wenn du dich um dich selbst kümmerst, bist du wahrscheinlich ausgeglichener und zufriedener am Arbeitsplatz. Dies kann zu einem positiven Arbeitsklima beitragen und die Zusammenarbeit mit Kollegen und Mitarbeitern verbessern.

Tipps für eine gute Work-Life-Balance:

• Pflege Freundschaften und Bindungen zur Familie. Eine vertraute Runde hilft, nach einem stressigen Arbeitstag loszulassen. In schwierigen Zeiten sind diese Personen für dich da. Ein starkes soziales Umfeld ist essentiell für ein erfülltes Leben.

• Schaffe dir bewusst ein Gegengewicht zum Arbeitsalltag. Welche Erlebnisse möchtest du gerne nach der Arbeit erfahren? Was macht dir Freude? Schaffe einen bewussten Ausgleich mit Dingen, die dir Spaß machen.

• Schmiede Pläne für die Zukunft. Fülle deinen Freiraum in der Zukunft mit aufregenden Dingen, die du im Vorfeld planen kannst. Natürlich soll dies nicht darin enden, noch mehr Verpflichtungen zu erstellen. Vielmehr solltest du Vorfreude empfinden. Möglicherweise kannst du eine Verabredung mit einem guten Freund planen, den du lange nicht mehr gesehen hast. Oder aber du planst einen kurzen Wochenendausflug mit deinem Partner oder deiner Partnerin. Auch, wenn diese Erlebnisse noch mehrere Wochen in der Zukunft liegen, kann es hilfreich sein, sich auf diese zu freuen.

• Versuche, regelmäßige Bewegung in deinen Arbeitsalltag einzubauen. Sport und andere Bewegungsarten helfen dabei, einen Ausgleich zu finden. Das gilt vor allem, wenn du deinen Arbeitsalltag überwiegend sitzend verbringst.

• Verbringe Zeit damit, dir über die Bereiche Gedanken zu machen, die dir besonders wichtig sind. Wenn du eine Idee davon hast, was dir im Leben wichtig ist, kann dich das vorantreiben. Es bringt dir außerdem Klarheit darüber, wie viel Platz der Job in deinem Leben tatsächlich einnehmen sollte. Das kann dabei helfen, den Fokus auf die wirklich wichtigen Dinge zu legen und nach der Arbeit schneller abzuschalten.

• Versuche, dir immer wieder bewusst zu machen, wofür du arbeitest. Erfüllt die Arbeit einen wichtigen Inhalt deines Lebens oder arbeitest du nur, um dir schöne Momente im Privatalltag erfüllen zu können? Was immer der Grund für deine Arbeit ist, du solltest ihn dir häufig vergegenwärtigen. So kannst du dich besser motivieren.

• Organisiere deinen Arbeitsalltag realistisch. Setze dir realistische Ziele für den Tag und die Woche. Zu hoch gesteckte Ziele können schnell stressen. Wenn du allerdings einen realistischen Blick dafür hast, was du die Woche erreichen möchtest, kann das dabei helfen, den Tag gut zu strukturieren. Außerdem erfüllt es dich am Ende der Woche mit einem Gefühl des Erfolgs.

• Versuche, unangenehme Aufgaben möglichst als Erstes zu erledigen. So hast du sie aus dem Weg geschafft und du stresst dich den Rest des Tages nicht weiter damit. Versuche, dies zur Routine zu machen. Viele Menschen halten sich stark mit dem Gefühl einer unangenehmen Aufgabe auf. Unangenehme Aufgaben schieben viele Menschen bewusst vor sich hin. Dabei kann es ein sehr befreiendes Gefühl sein, wenn diese Aufgaben erledigt sind.

• Nimm dir Zeit für ausreichend Pausen. Das gilt nicht nur für die Zeit nach der Arbeit und an den Wochenenden. Nutze deine Mittagspause wirklich für dein Mittagessen oder dafür, dich mit Freunden zu unterhalten. Verbringe die Zeit nicht damit, noch weiter über die Arbeit nachzudenken oder gar durchzuarbeiten.

• Schränke deine Erreichbarkeit außerhalb deiner Arbeitsstunden ein. Das kannst du erreichen, indem du beispielsweise keine Arbeitsmails auf dem Handy erhältst. Auch Telefonate, die mit der Arbeit zu tun haben, solltest du außerhalb deiner Arbeitszeiten nicht annehmen. So gelingt es dir besser, die Arbeit wirklich hinter dir zu lassen.

Umgang mit Herausforderungen

Hier lernst du, wie du als Führungskraft mit verschiedenen Herausforderungen umgehen kannst. Es werden Strategien zur Stressbewältigung, zum konstruktiven Umgang mit Kritik und Feedback sowie zur Bewältigung von Veränderungen und Unsicherheiten in der Führungsrolle vorgestellt.

Umgang mit Stress und Druck in der Führungsrolle

Als Führungskraft musst du lernen, mit Stress umzugehen. Stress und Druck gehören zum Arbeitsalltag der meisten Menschen – zumindest phasenweise. Als Leitung musst du jedoch auch in solchen Zeiten einen klaren Kopf bewahren. Daher ist ein gutes Stressmanagement wichtig.

Stressmanagement

Im Rahmen der Selbstfürsorge ist Stressmanagement ein wichtiger Faktor. Damit du Stress erfolgreich bewältigen kannst, musst du ihn zunächst identifizieren. Grundsätzlich hat jeder Mensch von Zeit zu Zeit das Gefühl, gestresst zu sein. Gerade wenn das Stresslevel jedoch stark ansteigt, bemerken einige Menschen nicht, wie hoch der Stressfaktor ist. Viele ignorieren die ersten Anzeichen oder reden sich ein, dass es nicht so schlimm ist. Für die frühen Stressanzeichen solltest du jedoch sensibel bleiben. Frühe Anzeichen für Stress können körperlicher oder psychischer Natur sein.

Beispiele für körperliche Symptome sind:

- Kopfschmerzen
- Magen-Darm-Beschwerden
- Verdauungsstörungen
- Muskelverspannungen
- Schlafstörungen
- Verminderter Appetit
- Häufige (scheinbar leichte) Erkrankungen aufgrund eines geschwächten Immunsystems (beispielsweise zahlreiche Schnupfen und leichte Erkältungen innerhalb kurzer Zeit)

Beispiele für psychische Symptome sind:

- Reizbarkeit
- Nervosität
- Angstzustände
- Stimmungsschwankungen
- Sensible Reaktionen auf negative Erlebnisse
- Verminderte Lust auf soziale Unternehmungen

Beachte, dass diese Anzeichen individuell unterschiedlich sein können und die Liste keinesfalls abschließend ist. Wenn jedoch mehrere dieser Symptome auftreten und über einen längeren Zeitraum bestehen bleiben, kann dies ein Hinweis auf chronischen Stress sein und es ist ratsam, professionelle Hilfe in Anspruch zu nehmen. Bleibe in jedem Fall wachsam für die Anzeichen und frage dich, ob dein Arbeitsalltag in letzter Zeit besonders intensiv war. Falls ja, ist es wahrscheinlich ratsam, etwas kürzerzutreten.

Hier sind ein paar Tipps, um Stress kurz- und langfristig besser zu bewältigen:

- Identifiziere die Stressoren: Dies ist der wichtigste erste Schritt, um den Stress zu bewältigen. Welche Situationen sorgen für zusätzlichen Unmut? Wichtig: Bedenke, dass es dabei auf dein persönliches Empfinden ankommt. Was für dich stressig ist, kann für einen anderen Menschen völlig entspannt sein – und umgekehrt. Du suchst also nicht nach objektiven Stressoren, sondern nach subjektiven.
- Ein Beispiel: Wenn du ein extrovertierter Mensch bist, sind soziale Verpflichtungen für dich wahrscheinlich kein Problem. Wenn du hingegen von Natur aus introvertiert bist, können diese Veranstaltungen große Stressfaktoren sein.
- Körperliche Aktivitäten können dabei helfen, Stress zu beseitigen. Dazu gehören zum Beispiel regelmäßige Spaziergänge, Laufen, Fitnesskurse usw.
- Entspannungstechniken wie Meditation oder Atemübungen sind ebenfalls dazu geeignet, Stress zu reduzieren. Auch sanfte Yogaeinheiten können einen entspannenden Effekt haben.
- Priorisiere dein soziales Umfeld hin und wieder. Zeit mit geliebten Menschen zu verbringen, kann in stressigen Phasen einen ruhigen Ausgleich bieten.
- Setze klare Prioritäten in deinen Aufgaben und erstelle einen strukturierten Zeitplan. Das kann einen Überblick verschaffen und ein Gefühl der Überforderung vermeiden.

- Achte auf ausreichenden Schlaf und gönne dir Pausen während des Tages. Häufig vernachlässigen wir in stressigen Phasen die Pausen. Dabei sorgen diese dafür, dass du dich kurz erholen und umso produktiver weiterarbeiten kannst.
- Achte auf deine Ernährung. Eine ausgewogene Ernährung und ausreichend Schlaf tragen dazu bei, den Körper widerstandsfähiger gegen Stress zu machen.
- Lerne, „Nein" zu sagen. Setze klare Grenzen und lerne, auch mal „Nein" zu sagen, wenn du dich überfordert fühlst oder bereits genug Verpflichtungen hast.
- Suche Unterstützung. Teile deine Gefühle und Sorgen mit vertrauenswürdigen Personen in deinem Umfeld. In besonders schwierigen Situationen kann es hilfreich oder sogar notwendig sein, professionelle Hilfe in Anspruch zu nehmen.
- Finde einen regelmäßigen Ausgleich in Form eines Hobbys. Regelmäßige Auszeiten, die du mit Aktivitäten verbringst, die dir Spaß machen, reduzieren Stress nachhaltig. Egal, ob du lieber Tagesausflüge unternimmst, Schach spielst oder einem Sportverein beitrittst – Hauptsache, dein Hobby bereitet dir Freude und lenkt dich von der Arbeit ab.

Versuche, dir immer wieder vor Augen zu führen, wie wichtig Pausen sind. Pausen sorgen dafür, dass du neue Energien tanken kannst. Sowohl dein Körper als auch dein Geist kann sich von der Anstrengung erholen. Pausen solltest du möglichst so gestalten, dass die Erholung vorgegeben ist. Trinke ausreichend Wasser und nutze die Essenszeiten, um dir gesunde Nährstoffe zuzufügen. Nutze die Kaffeepause, um dein liebstes Heißgetränk zu konsumieren. Mache immer etwas Schönes, um die Zeit sinnvoll zu gestalten. Tausche dich mit anderen Menschen aus oder nutze den Moment für etwas Bewegung. Ein kurzer Spaziergang kann beispielsweise wahre Wunder wirken. Das Wichtigste bei der Pausengestaltung ist jedoch, dass du dich tatsächlich von deinem Arbeitsplatz entfernst. Das gilt sowohl körperlich als auch geistig. Verlasse den Schreibtisch und versuche auch, die Gedanken nicht mehr um die Arbeit kreisen zu lassen. Das gelingt beispielsweise, indem du dich bewusst auf etwas anderes fokussierst, wie auf ein Gespräch mit einem Freund. Auch frische Luft und eine natürliche Umgebung können helfen. Lass gerne auch das Handy zurück.

Denke daran, dass du für diese Anzeichen auch deinen Mitarbeitern gegenüber aufmerksam bleiben solltest. Als Leitung liegt es in deinem Verantwortungsbereich, Stress im Team rechtzeitig zu erkennen. Siehst du also, dass sich bei einem oder mehreren Mitarbeitern derartige Anzeichen häufen, solltest du durch Gespräche herausfinden, wo die Probleme liegen.

Exkurs Resilienz

Resilienz ist die psychische Fähigkeit, mit Herausforderungen, Stress und Rückschlägen umzugehen und sich davon zu erholen. Es handelt sich dabei um eine psychische Widerstandsfähigkeit. Wer resilient ist, hat die Fähigkeit, sich an Veränderungen anzupassen und trotz unangenehmer Umstände positiv zu bleiben. Resiliente Menschen gehen aus Krisenzeiten stärker hervor. Sie zerbrechen nicht daran, sondern können sich sogar ohne großes Zutun anderer von ihnen erholen und Lehren aus den Zeiten ziehen.

Resilienz beinhaltet verschiedene Aspekte. Dazu gehören vor allem:

- Anpassungsfähigkeit
- Optimismus
- Emotionale Stabilität
- Selbstfürsorge
- Lösungsorientiertes Denken

Resiliente Menschen sind meist flexibel und können sich an neue Situationen und Veränderungen anpassen. Sie sind in der Lage, alternative Lösungen zu finden und mit Unsicherheit umzugehen. Sie sind außerdem regelmäßig optimistisch. Positives Denken zählt zu ihren größten Stärken. Sie sehen stets ein Licht am Ende des Tunnels und können dieses nutzen, um sich aus Krisensituationen herauszubringen. Das positive Denken sorgt dafür, dass sich resiliente Menschen auf die Zukunft fokussieren können. Zudem legen sie den Fokus meist auf Lösungen statt auf die Probleme. Dadurch arbeiten sie schneller an der Bewältigung eines Problems, anstatt im Frust zu versinken.

Resiliente Menschen können ihre Emotionen regulieren und mit Stress umgehen. Sie haben gute Stressbewältigungsfähigkeiten und können negative Emotionen in positive Energie umwandeln. Sie lassen sich nicht von unangenehmen Emotionen wie Trauer oder Angst überwältigen. Außerdem pflegen diese Menschen regelmäßig Selbstfürsorge.

Resilienz wird auch durch ein starkes soziales Netzwerk gefördert. Die Unterstützung von Familie, Freunden oder Kollegen kann helfen, schwierige Zeiten zu bewältigen und den Glauben an sich selbst aufrechtzuerhalten. Wer ein sicheres Sozialnetz hat, hat damit auch eine Art Auffangnetz für Krisenzeiten. Das sorgt dafür, dass diese Menschen in der Regel generell sicherer und risikobereiter durch das Leben gehen.

Resilienz ist keine angeborene Eigenschaft, sondern kann entwickelt und gestärkt werden. So kannst du beispielsweise resilienter werden, indem du dein soziales Netzwerk stärkst, versuchst, den Fokus regelmäßig auf Lösungen und schöne Dinge in der Zukunft zu legen oder Flexibilität zu praktizieren.

Tipps für Resilienz:

- Übe dich darin, Situationen zu akzeptieren, die du nicht ändern kannst. In der Praxis kannst du beispielsweise in einer stressigen Situation ein paar Sekunden innehalten. Frage dich, ob du die Situation tatsächlich aktiv beeinflussen kannst. Wenn ja, dann werde aktiv. Wenn nein, dann übe Akzeptanz. Ein sehr relevantes Beispiel aus der Praxis ist das Stehen im Stau. Diese Situation kannst du nicht verändern. Halte stattdessen inne, atme für ein paar Sekunden tief ein und aus und versuche, die Situation zu akzeptieren.
- Praktiziere leichte Atemübungen, um ruhig zu bleiben. Eine einfache Übung ist die folgende: Atme 4 Sekunden langsam und konzentriert ein. Halte die Luft für 4 Sekunden und atme dann gleichmäßig 4 Sekunden lang aus. Wiederhole diese Übung zehnmal hintereinander. Diese leichte Atemübung kannst du regelmäßig in deinen Alltag einbauen. Bewusstes Atmen kann Stress nachhaltig reduzieren.
- Übe dich regelmäßig darin, kreative Lösungen zu finden. Versuche es mit einer Liste der Handlungsalternativen. Dabei zwingst du dich, für ein bestimmtes Problem mindestens 10 Alternativen zu notieren. Diese Ideen dürfen auch ein wenig verrückt sein. Es geht schließlich einzig und allein darum, den kreativen Prozess anzuregen. Übst du dies regelmäßig, kannst du nachhaltig dafür sorgen, kreativer und lösungsorientierter zu denken.
- Stärke dein soziales Netzwerk. Initiiere regelmäßig Kontakt zu lieben Menschen. Probiere gerne auch ein neues Hobby aus, bei dem du Gleichgesinnte findest. Wenn du dein soziales Netzwerk aktiv pflegst, wird es stabiler. Diese Stabilität stärkt dich und sichert dich in Krisenzeiten ab.

Kritik und Feedback konstruktiv nutzen

Feedback zu geben und anzunehmen sind wichtige Eigenschaften einer Führungskraft. Als Grundsatz solltest du dir merken, dass Feedback stets konstruktiv sein sollte. Hier sind jeweils zehn Tipps für das Geben und Annehmen von Feedback.

10 Tipps für das Geben von konstruktivem Feedback:

1. Wähle den richtigen Zeitpunkt – dein Gegenüber muss dafür bereit sein, dir zuzuhören.

2. Sei spezifisch und triff konkrete Aussagen. Vermeide vage Formulierungen.

3. Gib Beispiele und konkrete Verbesserungsvorschläge.

4. Bleibe objektiv: Konzentriere dich auf Fakten und vermeide subjektive Wertungen.

5. Betone auch das Positive – selbst im Rahmen von Kritik.

6. Formuliere Feedback respektvoll, sachlich und neutral.

7. Gib konkrete Vorschläge für die Zukunft, damit dein Gegenüber weiß, was genau er verbessern kann.

8. Gib deinem Gesprächspartner die Gelegenheit für Rückmeldungen und Fragen.

9. Biete Unterstützung bei der Umsetzung der Veränderungen und Verbesserungen an.

10. Überprüfe den Fortschritt regelmäßig und lass den anderen wissen, wenn du Verbesserungen wahrnimmst – das zeigt Wertschätzung!

Ein Beispiel für gelungenes Feedback:
„Ich möchte dir Feedback zu deinem Bericht geben – ist jetzt ein guter Zeitpunkt? Grundsätzlich haben mir Aufbau und Struktur des Berichtes sehr gut gefallen. Ein roter Faden war deutlich erkennbar und die wichtigsten Aussagen wurden aufgenommen. Inhaltlich sind mir jedoch ein paar Ungenauigkeiten aufgefallen. So scheinen die Zahlen in Kapitel 3 nicht stimmig. Das Beispiel geht rechnerisch nicht auf. Daher möchte ich dich darum bitten, dieses noch einmal zu überprüfen. Außerdem wurde Punkt B in Kapitel 2 nur sehr kurz behandelt. Ich halte diesen Punkt jedoch für besonders wichtig. Daher bitte ich dich darum, den Punkt noch genauer auszuführen. Möglicherweise kannst du mehr Details und auch ein paar Beispiele angeben. Für die Verbesserungen würde ich erst einmal drei Tage Zeit einplanen – lass mich gerne wissen, wenn du mehr Zeit oder Hilfe bei der Informationsbeschaffung benötigst."

Natürlich musst du auch offen für Feedback durch andere sein. Hier sind die wichtigsten Tipps dafür:

1. Offenheit entwickeln – zeige deinen Mitmenschen, dass du offen für Kritik und Vorschläge bist.

2. Stelle Nachfragen, wenn du dir nicht sicher bist, ob du die Kritik verstehst.

3. Praktiziere aktives Zuhören und lass deinen Gegenüber vollständig ausreden, bevor du Fragen stellst.

4. Vermeide Verteidigungsreden – das zeigt Unsicherheit und eine klare Abwehrhaltung.

5. Zeige Wertschätzung und bedanke dich für das Feedback – schließlich kannst du daran wachsen.

6. Priorisiere die wichtigsten Punkte des Feedbacks. Frage den anderen gerne auch danach, was in seinen Augen die wichtigsten Punkte waren.

7. Wiederhole die Aussagen deines Gegenübers, um Missverständnisse zu vermeiden. Kläre, ob du alles richtig verstanden hast.

8. Nimm dir Zeit zum Reflektieren und denke in Ruhe über das Gesagte nach.

9. Trenne dein persönliches Befinden von deiner Performance in der Berufswelt. Nimm Kritik an deiner Arbeit nicht als persönliche Beleidigung wahr.

10. Hole dir eine zweite Meinung ein, wenn du am Ende immer noch unsicher oder anderer Meinung bist. Möglicherweise hilft dir ein Dritter, die Lage besser zu verstehen. Es kann natürlich auch sein, dass die Kritik nicht ganz berechtigt war – in dem Fall solltest du noch einmal ein Gespräch suchen.

Veränderungen und Unsicherheiten in der Führung bewältigen

Unsicherheit ist den meisten Menschen ein Graus. Viele versuchen, sie sowohl im Privatleben als auch im Berufsleben zu vermeiden. Unsicherheit kann jeden Menschen an die Grenzen bringen. Dabei gehört sie zum Leben in den meisten Bereichen immer mal wieder dazu. Das gilt vor allem auch als Leitung eines Teams.

Sowohl Veränderungen als auch Unsicherheiten gehören vor allem am Anfang in deiner Rolle dazu. Gerade deswegen ist Flexibilität so wichtig. Du wirst ständig mit Veränderungen konfrontiert sein. Besonders zu Beginn sind diese aber häufig. Versuche, einen guten Umgang mit Unsicherheiten zu lernen. Sehe sie als Chancen. Übe dich darin, Unsicherheiten achtsam willkommen zu heißen. Das bedeutet, dass du sie wahrnehmen und als solche akzeptieren solltest. Eine einfache Übung ist es, mit einem achtsamen Blick auf deine körperlichen Prozesse zu achten. Beobachte beispielsweise deine Atmung. Ist sie tief oder flach? Beobachte deine körperlichen Reaktionen. Hast du einen schnellen oder einen langsamen Herzschlag? Welche anderen körperlichen Signale kannst du wahrnehmen? Übe dich darin, dich zu beobachten, ohne zu verurteilen. Erkenne das Gefühl der Unsicherheit an. Nimm einen tiefen Atemzug und versuche, es zu akzeptieren. Denke daran, dass es ohne Unsicherheit keinen Wandel gibt. Gerade in unsicheren Zeiten sind viele Menschen darauf angewiesen, neue Wege zu beschreiten. Das kann allerdings auch große Chancen ermöglichen. Ein Neuanfang ist häufig der Beginn von etwas Großem. Versuche, Unsicherheit daher nicht zu verurteilen, sondern den Blick darauf zu lenken, was sie ermöglicht. Im Grunde stehen dir reichlich Türen offen.

Das Unerwartete geht immer mit einem Lernprozess einher. Unsicherheiten müssen keine Angst machen. Vielmehr kannst du daraus stärker und weiser hervorgehen. Wenn du diesen Blick übst, wird es dir leichter fallen, mit dem Ungewissen umzugehen. Das stärkt dich auch für Krisensituationen. Dort musst du unter Umständen deinen Mitarbeitern vorangehen und sie sicher durch Veränderungen führen. Je besser du durch deine eigenen Veränderungen und unerwartete Situationen kommst, desto leichter wird es auch, dein Team zu führen.

Mentoring und Networking für junge Führungskräfte

In diesem Kapitel geht es um die Bedeutung von Mentoring und Networking für junge Führungskräfte. Du lernst, wie du von Mentoren profitieren und ein starkes berufliches Netzwerk aufbauen kannst, um deine persönliche Entwicklung als Führungskraft zu fördern.

Die Bedeutung von Mentoring in der persönlichen Entwicklung

Mentoring spielt eine wichtige Rolle in der persönlichen Entwicklung. Ein guter Mentor vermittelt dir reichlich Erfahrungen und Wissen. Insbesondere ist das Mentoring in den folgenden Bereichen relevant:

- Wissensvermittlung
- Karriereentwicklung
- Netzwerkaufbau
- Persönliche Reife
- Unterstützung und Feedback

Die Unterstützung des Mentors

Ein Mentor kann vor allem sein Fachwissen und seine Erfahrungen teilen, um dem sogenannten Mentee – der Person, die den Mentor zu Rate zieht – dabei zu helfen, neue Fähigkeiten zu erlernen und sein Wissen zu erweitern. Du lernst direkt von einer Person, die einen ähnlichen Weg eingeschlagen hat und dir mit reichlich Fachkompetenzen und einem breiten Erfahrungsschatz zur Seite stehen kann. Daher wird auch deine Karriereentwicklung von einem Mentor profitieren. Mentoring hilft dabei, berufliche Ziele zu definieren und Strategien zur Erreichung dieser Ziele zu entwickeln. Ein Mentor ermöglicht dir wertvolle Einblicke in bestimmte Branchen oder Berufe. Er kann dir in einigen Fällen sogar profitable Kontakte vermitteln. Daher ist der Mentor auch für den Netzwerkaufbau entscheidend. Ist dein Mentor bereits jahrelang im Geschäft, kann er dich mit den besten Leuten in Verbindung bringen. Es ist sehr wahrscheinlich, dass er sowohl wichtige Kunden vermitteln als auch wertvolle berufliche Vernetzungsoptionen bieten kann.

Neben der beruflichen Seite ist der Mentor auch für das persönliche Wachstum wichtig. Durch das Mentoring können sowohl mentale als auch emotionale Fähigkeiten gestärkt werden. Ein Mentor kann dabei helfen, Selbstvertrauen aufzubauen, Problemlösungsstrategien zu entwickeln und die eigene Persönlichkeit weiterzuentwickeln. Er steht dir mit Rat und Tat zur Seite und wird nicht nur für den beruflichen Werdegang einige hilfreiche Ratschläge parat haben. Sicherlich kannst du dir dank seiner Lebenserfahrung reichlich persönliche Werte beibringen lassen.

Letztlich gibt dir ein Mentor dort, wo nötig, ausgiebig Feedback und Unterstützung in Form von Hilfe. Er kann dabei helfen, deine Stärken und Schwächen zu unterstützen. Ein guter Mentor wird dabei vor allem Wert auf konstruktives Feedback legen und von persönlichen Befindlichkeiten absehen. Sehr wahrscheinlich kann er dir mit reichlich eigenen Beispielen genau verdeutlichen, warum sein Feedback Relevanz hat. Mit einem Mentor erhältst du eine erste wertvolle Beziehung, die dich persönlich, aber auch beruflich stärker machen kann.

Mentoring als wechselseitiger Prozess: Die Rolle der jungen Führungskraft als Reverse-Mentor

Nicht nur für den Mentee kann die Bindung zu einem erfolgreichen Mentor profitabel sein. Auch der Mentor kann durch die Beziehung zu seinem Mentee profitieren. Mentoring ist eine wechselseitige Beziehung, bei der beide Parteien voneinander lernen und sich gegenseitig inspirieren können. So erhält der meist erfahrene, häufig ältere Mentor durch den jüngeren Mentee zahlreiche neue Perspektiven. Als junger Mensch bringst du sehr wahrscheinlich reichlich frische Ideen und neue Ansichten mit. Damit kannst du deinem Mentor helfen, sprichwörtlich über den Tellerrand hinauszuschauen und neue Denkweisen zu entdecken. Zudem sind junge Menschen sehr häufig deutlich versierter im Umgang mit neuen Technologien und sozialen Medien. Du kannst deinem Mentor sehr wahrscheinlich dabei helfen, neue Technologien und Möglichkeiten kennenzulernen. Das Gleiche gilt für neue Trends aller Art. Dadurch kann dein Mentor in Zukunft beispielsweise neue Reichweiten schaffen, andere Kundenstämme hinzugewinnen und neue Kontakte knüpfen. Auch der Tatendrang und die Motivation, die junge Menschen in der Regel mit sich bringen, können den Mentor inspirieren. Nicht selten sind erfahrene Mentoren durch ihre jungen Mentees dazu inspiriert worden, neue Ziele zu setzen und Herausforderungen anzunehmen.

In vielen Bereichen spielt auch ein kultureller Austausch eine wichtige Rolle. Junge Menschen aus verschiedenen kulturellen Hintergründen können dem Mentor dabei helfen, interkulturelle Kompetenzen zu entwickeln und ein besseres Verständnis für verschiedene Perspektiven zu gewinnen. Der interkulturelle Austausch ist in Deutschland in den jungen Generationen deutlich stärker ausgeprägt. Es ist daher nur natürlich, dass ein Mentor auch hier von seinem Mentee profitieren kann. Ähnliches gilt für die Männer-Frauen-Beziehungen in einigen Berufszweigen. Immer mehr weibliche Führungskräfte bekleiden Positionen in Branchen, die zu früheren Zeiten sehr männerdominiert waren. Auch hier können Mentoren häufig von ihren Mentees profitieren und neue Erfahrungen erhalten.

Es ist wichtig, zu bedenken, dass das Mentoring eine wechselseitige Beziehung ist, bei der beide Parteien voneinander lernen können. Der Austausch von Wissen, Erfahrungen und Perspektiven kann für beide Seiten bereichernd sein. Im Idealfall tauschen sich Mentor und Mentee daher regelmäßig und gegenseitig aus. Versuche, die Beziehung niemals zu einseitig werden zu lassen – je mehr ihr gegenseitig voneinander lernt, desto erfolgreicher und langfristig stabiler wird eure Bindung auch.

Wie du deinen eignen Mentor findest

Die Suche nach einem passenden Mentor gestaltet sich nicht immer ganz einfach. Vereine, Clubs, Universitäten, Jobs, befreundete Familien – es gibt grundsätzlich viele Orte, an denen du eine geeignete Person finden kannst. Bevor du auf die Suche gehst, solltest du dir jedoch zwei Fragen beantworten:

1. Soll dein Mentor eher ein Coach oder ein Trainer sein?
2. Möchtest du einen oder mehrere Mentoren nutzen?

Idealerweise ist ein Mentor jemand, der bereits erreicht hat, was du erreichen möchtest. Dabei kann es sich sowohl um deine persönlichen und privaten Ziele als auch um berufliche Ziele handeln. Ein Mentor kann ein Coach sein, der vor allem Feedback gibt und Fragen stellt. Ein Coach unterstützt dich vor allem dabei, deinen eigenen Weg zu finden. Er unterstützt dich, indem er dir Hilfen gibt, deinen Weg alleine zu finden. Du machst die Hauptarbeit und er gibt dir hier und da Input, um den besten Weg zu identifizieren.

Ein Mentor kann sich jedoch auch wie ein Trainer verhalten. Ein Trainer gibt konkrete Tipps und Hinweise. Er gibt reichlich Feedback und zeigt dir anhand eigener Beispiele und Erfahrungen, welchen Weg er für den besten hält. Welche Art Mentor du bevorzugst, hängt viel von deiner eigenen Persönlichkeit ab. Du solltest dir allerdings im Vorfeld darüber im Klaren sein, ob du eher einen Coach oder einen Trainer bevorzugst. Schließlich bevorzugen verschiedene Mentoren ebenfalls unterschiedliche Varianten. Damit du mit deinem Mentor ausreichend besprechen kannst, welche Variante für dich die beste ist, solltest du dir im Vorfeld überlegen, welche Art und Weise für dich sinnvoller ist. Dazu kannst du dir die folgenden Fragen stellen:

- Bekommst du gerne reichlich detailliertes Feedback?
- Triffst du Entscheidungen lieber mit ausreichend Hintergrundwissen und basierend auf der Erfahrung anderer?
- Bist du bereit, Risiken einzugehen und Fehler zu machen?
- Richtest du dich gerne nach der Erfahrung anderer oder probierst du lieber eigene Ideen aus?
- Wie viel Input möchtest du von deinem Mentor erhalten?
- Bist du schnell überfordert, wenn dir jemand detailreich erklärt, welcher Weg der beste ist, oder nimmst du detailreiches Feedback gerne an?
- Wie viel Zeit möchtest du mit deinem Mentor verbringen?
- Wie gut möchtest du deinen Mentor kennenlernen?
- Wie wichtig ist es dir, deinen Weg in jedem Schritt selbst zu gehen?

Überprüfe deine Vorlieben ausreichend, bevor du eine Entscheidung triffst. Diskutiere dann mit deinem Mentor sowohl deine Vorlieben und Erwartungen als auch die Vorlieben und Erwartungen auf seiner Seite.

Im Anschluss solltest du dir überlegen, ob du lieber einen oder mehrere Mentoren bevorzugst. Tatsächlich ist es üblicher, sich einen Mentoren zu suchen – in einigen Fällen kann es jedoch sinnvoll sein, die Anzahl zu erhöhen. Viele Experten gehen sogar davon aus, dass es sinnvoll ist, sich einen Mentor für jedes große Thema zu holen, das einen beschäftigt. Wenn du also mehrere Lebensbereiche ausbauen möchtest, können mehrere Mentoren durchaus zielführend sein. Dies hängt allerdings auch von dir und deinen Vorlieben ab. Es kann gut sein, dass du es bevorzugst, einen sehr vertrauten Mentor in nahezu allen Lebenslagen zu Rate zu ziehen.

Nachdem du dich mit diesen Fragen auseinandergesetzt hast, stellt sich die Frage: Wo lernst du einen geeigneten Mentor kennen? Dein soziales Umfeld spielt zunächst eine große Rolle.

EIN STARKES NETZWERK AUFBAUEN UND NUTZEN

Beginne damit, dich mit Menschen zu umgeben, die bereits die Dinge erreicht haben, die du dir wünschst. Halte dich an das Sprichwort: „Sei immer der Dümmste im Raum!“ Im Englischen sagt man „You are the average of the five people that surround you the most“ – zu Deutsch: „Du bist der Durchschnitt der fünf Menschen, die dich am meisten umgeben.“ Das bedeutet, du nimmst deren Verhaltensweisen und Meinungen unbewusst an. Du bist beeinflusst von den Gedanken und Handlungen der Menschen, mit denen du die meiste Zeit verbringst. Die fünf Menschen, die in deinem Leben besonders präsent sind, haben den stärksten Einfluss auf dich. Hast du also einige einflussreiche Menschen in deinem Netzwerk, die dir weiterhelfen könnten, solltest du dich häufig mit ihnen umgeben. Achte generell darauf, dass du dich mit einem positiven Einfluss umgibst. Das wird dir einerseits in vielen Lebenslagen helfen, andererseits auch weitere positive Kontakte anziehen. Ein sehr engagierter Kollege kann vielleicht nicht dein Mentor werden, kennt aber möglicherweise andere erfolgreiche Menschen in der Branche. Nutze die Chance, um dein Netzwerk auszubauen.

Bevor du ein paar potenzielle Mentoren in deinem Netzwerk hast, kannst du zunächst Inhalte wie Podcasts, Artikel, Videos und Online-Kurse von Menschen nutzen, die deine Ziele bereits erreicht haben. Mit der Zeit wirst du immer mehr persönliche Beziehungen zu Menschen aufbauen, die deine Mentoren werden können. Halte immer die Augen offen, wenn du jemanden kennenlernst, um zu sehen, ob er dein Mentor werden könnte. Erstelle früh eine Liste mit Personen, die als Mentor in Betracht kommen könnten, und versuche, diese regelmäßig zu treffen – etwa bei Veranstaltungen, zum Kaffeetrinken oder Ähnliches.

Networking-Strategien

Es gibt verschiedene Möglichkeiten, um dein Netzwerk zu erweitern. Verlasse dich niemals auf eine einzige Strategie, sondern versuche, mehrere auszuprobieren. Zu den wichtigsten Strategien gehören beispielsweise:

- Veranstaltungen besuchen
- Online-Networking
- Lokale Organisationen besuchen
- Arbeit anbieten
- Alumni-Netzwerke nutzen
- Mentorship-Programme
- Social-Media-Vernetzung
- Präsentieren der eigenen Arbeit auf zahlreichen Kanälen

Besuche Branchenveranstaltungen, Konferenzen, Meetups und andere Networking-Events, um neue Kontakte zu knüpfen. Nutze diese Gelegenheiten, um dich mit anderen Fachleuten auszutauschen und potenzielle Geschäftspartner oder Mentoren kennenzulernen. Du wirst sehen, dies sind ideale Gelegenheiten, dein Netzwerk zu erweitern. Auf Veranstaltungen wie diesen wimmelt es nur so von potenziellen Mentoren und anderen wertvollen Kontakten.

Auch online erhältst du heutzutage die Möglichkeit, zahlreiche neue Kontakte zu knüpfen. Melde dich beispielsweise bei professionellen Online-Netzwerken wie LinkedIn an und baue dort dein Profil auf. Verbinde dich mit Kollegen, ehemaligen Kommilitonen und anderen Fachleuten in deinem Bereich. Engagiere dich in Gruppen und Diskussionen, um sichtbarer zu werden und neue Kontakte zu knüpfen. Viele Menschen haben auf diese Weise ihre wertvollen Kontakte erweitert. Beachte dabei jedoch eins: Experten empfehlen, das Netzwerk nicht unnötig weit auszubauen. 1.000 Kontakte bei LinkedIn, die mit deiner Branche gar nichts zu tun haben, sind nicht halb so wertvoll wie zwei Kontakte, die eng in deinem Arbeitsfeld arbeiten. Orientiere dich also stets an den richtigen und wichtigen Kontakten und nicht an der Masse.

Informiere dich über lokale Business-Organisationen und recherchiere nach lokalen Verbänden in deiner Branche. Werde Mitglied, wenn du eine interessante Gruppe findest, und nimm an Veranstaltungen teil, um dich mit anderen Unternehmern und Fachleuten vor Ort zu vernetzen. So erweiterst du vor allem das lokale Netzwerk, was sehr wertvoll sein kann. Du erhältst damit einen umfangreichen Kontaktkreis, der direkt vor Ort ist.

Um in ein Umfeld zu gelangen, das einem echten Mentor möglichst nahekommt, empfiehlt es sich auch, für diese Menschen zu arbeiten. Vielleicht hast du die Möglichkeit, deinem potenziellen Mentor deine Arbeit kostenlos anzubieten und ihn für ein paar Wochen oder Monate dabei zu unterstützen, seine Ziele zu erreichen. Dies kannst du zum Beispiel durch ein Praktikum oder einen Nebenjob erreichen. Dafür arbeitest du jeden Tag mit einer inspirierenden Person zusammen und lernst von ihr. Auf diese Weise siehst du genau, wie erfolgreiche Menschen denken, handeln, fühlen, arbeiten und wie sie an Dinge herangehen.

Wenn du eine Universität oder Hochschule besucht hast, erkundige dich nach den Alumni-Netzwerken der Institution. Diese bieten oft Möglichkeiten zum Networking und zur Zusammenarbeit mit ehemaligen Studierenden. Du triffst dort auf eine Vielzahl von Menschen, die das Gleiche studiert haben wie du oder zumindest an der gleichen Institution gewesen sind. Für viele Branchen sind solche Kontakte unglaublich wertvoll.

Ein sehr direkter Weg, um einen Mentor zu finden, ist das Mentorship-Programm einer Organisation. Viele Organisationen bieten Mentorship-Programme an, bei denen erfahrene Fachleute ihre Kenntnisse und Erfahrungen mit jüngeren Kollegen teilen. Suche nach solchen Programmen in deinem Bereich und bewirb dich als Mentee.

Im heutigen Zeitalter können auch Social-Media-Kanäle sehr hilfreich beim Netzwerken sein. Verwende Plattformen wie Twitter, Facebook oder Instagram, um deine beruflichen Interessen zu teilen und mit anderen Fachleuten in Kontakt zu treten. Folge relevanten Personen und Unternehmen in deinem Bereich und beteilige dich aktiv an Diskussionen. Möglicherweise entstehen auf diese Art Kontakte, die du eines Tages sogar bei Veranstaltungen wieder triffst.

Sei aktiv in deiner Branche! Wenn du deine Arbeit auf diversen Plattformen präsentierst, kann auch das dabei helfen, dein Netzwerk auszubauen. Vor allem ist dies ein für dich sehr passiver Weg, denn die Menschen werden in der Regel auf dich zukommen. Schreibe beispielsweise Artikel oder Blogbeiträge zu relevanten Themen in deinem Fachgebiet. Teile dein Wissen und deine Erfahrungen, um als Experte wahrgenommen zu werden und neue Kontakte anzuziehen. Sicherlich werden sich bald Menschen mit dir verbinden wollen.

Netzwerke pflegen

Kontakte knüpfen reicht nicht aus – du musst deine neuen Kontakte auch pflegen, um sie langfristig zu erhalten. Neue Kontakte geben kurzfristige Vorteile. Sie sind in dem Augenblick des Kennenlernens bereichernd und inspirierend. Langfristig musst du deine Kontakte jedoch stabil halten. Langfristige Kontakte bieten nachhaltige Vorteile. Du kannst immer wieder auf sie zurückgreifen. Sie werden dir helfen, dich weiter inspirieren. Vielleicht wird sogar einer deiner Kontakte eines Tages dein Mentor. Dafür sollte jedoch in der Regel eine ausreichend stabile Beziehung vorhanden sein. Das Netzwerk muss also von dir gepflegt werden. Dafür gibt es einige bewährte Methoden:

Regelmäßige Kommunikation: Halte den Kontakt zu deinen Netzwerkpartnern aufrecht, indem du regelmäßig mit ihnen kommunizierst. Schicke ihnen gelegentlich eine E-Mail, rufe sie an oder treffe dich persönlich, um über aktuelle Entwicklungen in deinem Bereich zu sprechen oder dich einfach auszutauschen. Regelmäßige Kommunikation ist wichtig, um einander nicht zu vergessen. Sie bietet aber auch einen regelmäßigen Austausch zwischen zwei Menschen. Aus diesem regelmäßigen Austausch können beide Parteien profitieren. Ihr erhaltet stets einen sozialen Kontakt und vermutlich neue Informationen aus dem Berufsalltag des anderen. Daraus könnt ihr Motivation und Inspiration schöpfen. Sich immer mal wieder bei einer anderen Person zu melden, zeigt außerdem Interesse. Deine Kontakte werden es sicher wertschätzen.

Zeige Interesse: Neben der regelmäßigen Kontaktaufnahme gibt es auch zahlreiche weitere Strategien, um Interesse zu bekunden. Sei interessiert an den Aktivitäten und Erfolgen deiner Kontakte. Frage nach ihren Projekten, Herausforderungen und Zielen. Zeige echtes Interesse an ihrem beruflichen Werdegang und unterstütze sie bei Bedarf. Du hast bereits in einem vorangegangenen Kapitel gelernt, dass es sich auszahlt, deinen Mitarbeitern gegenüber Interesse zu zeigen. Dies gilt auch für jeden anderen Kontakt. Sicherlich kennst du das auch von dir selbst. Wenn sich jemand ehrlich für dich zu interessieren scheint, fördert das in der Regel deine Sympathie für diesen Menschen. Natürlich solltest du nicht zu neugierig werden. Quetsche dein Gegenüber nicht aus. Versuche nicht, jedes Detail zu erfahren, wenn du merkst, dass es diese Dinge nicht preisgeben möchte. Manche Menschen sind sehr privat. Andere halten private Informationen strikt aus dem Arbeitsleben heraus. Wenn du vorsichtig nachfragst, merkst du jedoch bald, wo die Grenzen deiner Mitmenschen sind. Respektiere sie, zeige aber auch, dass du dich ehrlich für sie interessierst. Wenn du beispielsweise merkst, dass ein Mensch sehr privat ist, kannst du es bei kurzen Kommentaren belassen. Bei einem Kollegen, der im Berufsfeld beispielsweise ungern private Informationen teilt, kannst du etwa nur zur Hochzeit der Schwester gratulieren. So merkt dieser Kollege, dass du daran gedacht hast. Handelt es sich um einen Kollegen, mit dem du über solche Informationen sprechen kannst, kannst du dich außerdem erkundigen, wie die Hochzeit gewesen ist, und nach weiteren Details fragen, wenn ihr ins Gespräch kommt. Du merkst anhand der Reaktion deines Gegenübers, ob dieses gesprächig ist oder nicht.

Biete Hilfe an: Sei bereit, anderen zu helfen und Unterstützung anzubieten, wenn du kannst. Teile dein Wissen, deine Ressourcen oder verweise sie auf relevante Kontakte in deinem Netzwerk. Indem du anderen hilfst, baust du Vertrauen auf und stärkst deine Beziehungen. Das bedeutet natürlich nicht, dass du immer und jederzeit bereitstehen musst. Denke daran, dass du deine eigenen Grenzen hast und auch klar setzen sollst. Wenn du allerdings Zeit hast, können sich ein paar hilfsbereite Handgriffe sehr bemerkbar machen.

Bleibe präsent in den sozialen Medien: Nutze Plattformen wie LinkedIn, um mit deinen Kontakten in Verbindung zu bleiben. Kommentiere ihre Beiträge, teile relevante Inhalte und gratuliere ihnen zu ihren Erfolgen. Dadurch bleibst du sichtbar und zeigst dein Interesse an ihrer Arbeit. Das Gleiche gilt für viele andere Plattformen. Hat einer deiner Kontakte beispielsweise ein Instagram-Account, kannst du durch Kommentare und Likes an deine Person erinnern. Nimm bei Facebook-Veranstaltungen teil oder nutze andere Plattformen, um Aufmerksamkeit zu erregen. Sehr häufig sind Social-Media-Kanäle ein guter Weg, um einen kurzfristigen Kontakt herzustellen. Ein Kommentar, eine kurze Nachricht oder die Reaktion zu einem Post ist schnell gemacht. Gleichzeitig sorgt jedes kleine Detail dafür, dass der andere sich an dich erinnert. Du kannst also mit sehr wenig Aufwand präsent in den Köpfen deiner Mitmenschen bleiben.

Treffe dich persönlich: Versuche, persönliche Treffen mit deinen Kontakten zu arrangieren, wann immer es möglich ist. Ein Kaffee oder ein Mittagessen kann eine großartige Gelegenheit sein, um tiefergehende Gespräche zu führen und eine stärkere Verbindung aufzubauen. Natürlich benötigen diese Treffen mehr Zeit als ein Kommentar auf Social-Media-Kanälen. Dafür sind diese Treffen meist auch viel ergiebiger. Du hättest längere Gespräche und persönlichere Informationen. Zudem zeigt ein persönliches Treffen ehrliches Interesse. Wenn sich jemand Zeit nimmt, um persönlich in Kontakt zu bleiben, bedeutet das meist etwas. Der andere wird sich dadurch sicher sehr wertgeschätzt fühlen.

Pflege deine Online-Profile: Aktualisiere regelmäßig dein LinkedIn-Profil und andere Online-Profile, um sicherzustellen, dass sie aktuell und ansprechend sind. Dies hilft anderen, dich zu finden, und erleichtert den Aufbau neuer Kontakte. Aber auch alte Kontakte werden sich so an dich erinnern. Häufig zeigen Plattformen Neuigkeiten anderen Nutzern an. Selbst, wenn dies nicht automatisch geschieht, wird ihnen möglicherweise ein neues Bild oder ein neuer Post auffallen. Auch dadurch bleibst du den Leuten permanent im Gedächtnis.

Sei dankbar: Zeige Dankbarkeit gegenüber deinen Kontakten, wenn sie dir geholfen haben oder wenn du von ihnen profitiert hast. Schicke ihnen beispielsweise eine liebe Nachricht, eine Karte oder rufe Sie an. Eine ehrlich gemeinte Dankbarkeitsnachricht freut jeden. Sie sorgt dafür, dass sich der andere wertgeschätzt fühlt und dir beim nächsten Mal wahrscheinlich sehr viel lieber helfen wird. So kannst du langfristig auf deine Kontakte zählen.

Mentoring-Beziehungen pflegen und langfristig davon profitieren

Eine Mentoring-Beziehung bedeutet, sich regelmäßig auszutauschen. Im Idealfall sollten immer beide Parteien von der Bindung profitieren. Diese besondere Beziehung zu pflegen, kann sich ähnlich gestalten wie die generellen Grundsätze zur Netzwerkpflege. Allerdings solltest du ein paar besondere Details beachten. Die Beziehung zwischen einem Mentor und einem Mentee ist deutlich enger als die zu einem beliebigen LinkedIn-Kontakt. Entsprechend benötigt sie in der Regel auch mehr Pflege. Vor allem ein kontinuierlicher Austausch ist hier besonders wichtig. Regelmäßige Treffen und regelmäßige Kommunikation sollten an der Tagesordnung stehen. Besprecht von Anfang an die Erwartungen und Ziele der Mentoring-Beziehung. Definiert gemeinsam, was der Mentee erreichen möchte und wie der Mentor dabei unterstützen kann. Plant regelmäßige Treffen oder Gespräche, um den Fortschritt des Mentees zu besprechen und Fragen zu beantworten. Dies kann persönlich, telefonisch oder per Videokonferenz erfolgen. Schafft außerdem eine offene und vertrauensvolle Atmosphäre, in der sich der Mentee frei äußern kann. Du, als Mentee, solltest dich immer sicher fühlen, Fragen zu stellen und Herausforderungen anzusprechen.

Überlege dir außerdem immer, wie dein Mentor von dir profitieren kann. Stelle dir einmal die Frage:

Welche Fähigkeiten oder Kenntnisse können die Menschen, die ich führen möchte, nutzen, um ihre Ziele weiter zu erreichen?

Vielleicht schaffst du es, in dieser einen Sache zu glänzen und ein absoluter Experte auf diesem Gebiet zu werden. Hast du Expertenwissen, kannst du selbstbewusst auf potenzielle Mentoren zugehen und ihre Expertise anbieten. Betone, wie die andere Person ihre Ziele viel schneller, einfacher oder kostengünstiger erreichen kann, wenn sie an deinem Wissen teilhaben kann. Auf diese Weise lernst du spannende Menschen kennen und kannst deine Position als Experte für bestimmte Themen stärken, während du gleichzeitig den richtigen Mentor findest und von dessen Wissen und Erfahrung profitierst. Außerdem erweiterst du automatisch dein Netzwerk – an deiner Erfahrung wollen schließlich immer mehr Menschen teilhaben. Denke stets daran, dass sich das Verhältnis zwischen Mentor und Mentee für beide Seiten lohnen muss. Wenn du kein Expertenwissen in einem ähnlichen Branchenbereich hast, kannst du mit anderen Fähigkeiten glänzen. Das kann beispielsweise ein Vorsprung im Wissen um neue Technologien oder neue aktuelle Tagesthemen sein.

Denke daran, dir regelmäßig Feedback einzuholen. Genau dafür ist der Mentor schließlich da. Durch regelmäßiges Feedback kannst du deine eigenen Fähigkeiten weiterentwickeln. Versuche jedoch, nicht nur Feedback über deinen Karriereweg zu erhalten. Frage deinen Mentor auch, wie sich die Beziehung für ihn gestaltet. Je klarer ihr im Austausch darüber seid, welche Erwartungen ihr aneinander habt, desto besser. So wird es euch gelingen, die Beziehung nachhaltig so zu gestalten, dass beide Parteien das daraus ziehen, was sie möchten.

Eine Mentoring-Beziehung kann über einen längeren Zeitraum bestehen bleiben. Auch nach Abschluss des offiziellen Mentorings könnt ihr in Kontakt bleiben und euch gegenseitig unterstützen. Wichtig ist, dass sowohl der Mentor als auch der Mentee aktiv an der Pflege der Beziehung arbeitet und sich für den Erfolg des anderen engagiert. Ein Mentor kann dich über einen längeren Zeitraum begleiten und dir bei verschiedenen Etappen deiner Karriere zur Seite stehen. Er kann dir helfen, dich weiterzuentwickeln und neue Ziele zu setzen, auch wenn du bereits Fortschritte gemacht hast. Es ist wichtig, dass du aktiv mit deinem Mentor zusammenarbeitest und seine Unterstützung aktiv nutzt, um das Beste aus der Beziehung herauszuholen.

Zusammenfassend sind die wichtigsten Punkte in einer guten Mentor-Mentee-Beziehung:

- Regelmäßiger Kontakt
- Erfahrungsaustausch und Fachwissen-Austausch auf beiden Seiten
- Offene und sichere Kommunikation
- Keine Zurückhaltung: Du solltest nie das Gefühl haben, dass dein Mentor gewisse Informationen für sich behalten möchte, die wichtig für deine Karriere sein könnten
- Regelmäßiges und offenes Feedback über die Beziehung
- Klare Erwartungshaltungen

Denke daran, dass du stets einen Menschen finden solltest, der zu dir passt. Nicht jeder gute Unternehmer ist auch ein guter Mentor. Neben der fachlichen spielt auch die zwischenmenschliche Ebene eine wichtige Rolle. Du solltest daher ruhig auf dein Bauchgefühl vertrauen und dir Zeit nehmen, um herauszufinden, ob eine Person zu dir passt oder nicht.

Die FührungsKRAFT aktivieren – Praxisübungen und Workbook

Hier findest du praktische Übungen und Reflexionsfragen, um das Gelernte zu verinnerlichen und in den Führungsalltag zu übertragen. Das Workbook dient als Begleitung und unterstützt dich dabei, deine *FührungsKRAFT* zu stärken und individuelle Entwicklungspläne zu erstellen.

INDIVIDUELLE SKILLS

In diesem ersten Abschnitt findest du Übungen zu individuellen Skills wie Empathie und Kommunikation.

Empathie-Übungen

Empathie ist einer der wichtigsten Soft Skills einer Führungskraft. Sie ist vielen Menschen stärker oder weniger stark angeboren, kann jedoch mit vielen Übungen trainiert werden. Hier ein paar Trainingsmöglichkeiten und Tipps:

Übung 1: Ein Gang ins Café

Eine einfache, aber sehr wirkungsvolle Übung beginnt mit einem Gang ins Café. Hierbei setzt du dich gemütlich mit deinem Lieblingsgetränk an einen Tisch und beobachtest die anderen Menschen. Versuche, dies nicht zu aufdringlich zu machen, schließlich möchtest du bei der Übung respektvoll verbleiben. Ein kurzer Blick auf deine Mitmenschen kann dir jedoch einiges über Empathie beibringen. Siehst du beispielsweise ein Gespräch zwischen anderen Menschen stattfinden, kannst du versuchen, anhand von Körpersprache und Mimik das Thema zu deuten. Denke darüber nach, ob diese Menschen fröhlich oder gestresst sind. Sieht es aus, als ob sie eine private oder berufliche Konversation haben? Anhand welcher Merkmale kannst du erkennen, ob sich die Menschen miteinander wohlfühlen oder ehrlich miteinander sind? Mache dir am besten ein paar Notizen. So lernst du, aufmerksam für winzig kleine Signale zu werden. Dies kann dein Empathievermögen deutlich steigern. Noch hilfreicher ist diese Übung, wenn du sie gemeinsam mit einem empathischen Freund durchführst. Bitte diesen Freund beispielsweise darum, die Mittagspause gemeinsam im Café zu verbringen. Wähle einen Menschen aus, den du dort analysieren möchtest, und beschreibe deinem Freund deine Erkenntnisse. Frage ihn dann, ob sich deine Erkenntnisse mit denen deines Freundes decken. Stimmt dein Freund nicht ganz mit dir überein? Frage ihn, warum. Er wird dir erklären können, aus welchen Gründen er zu anderen Schlussfolgerungen gekommen ist. Dies kann dir sehr tiefe Einblicke geben. Auch wenn eure Analysen übereinstimmen, solltest du deinen Freund nach Details fragen, die ihm zu dem Schluss haben kommen lassen. Möglicherweise hat er andere Dinge wahrgenommen als du, die hilfreich sind. Anstelle eines Cafés kannst du auch andere Räumlichkeiten wählen, die sich für das Beobachten anderer eignen. Dazu zählt beispielsweise ein Schwimmbad, ein Restaurant oder ein Park. Cafés sind häufig eine besonders gute Wahl, da sich dort viele verschiedene Menschen in diversen Situationen aufhalten: Freunde, die sich über ihr Leben austauschen, berufliche und kollegiale Treffen, Arbeitende, Menschen, die in Ruhe ein Buch oder die Zeitung lesen (Lesen sie etwas Schönes oder Unangenehmes? Auch das Beobachten von Menschen, die alleine sind, kann Empathie fördern) etc.

Übung 2: Viele neue Begegnungen

Versuche, dich möglichst mit vielen verschiedenen Menschen zu umgeben. Je mehr Gespräche du mit unterschiedlichen Menschen führst, desto mehr verschiedene Perspektiven und Geschichten wirst du kennenlernen. Daraus folgt: Du wirst aufmerksamer und empfänglicher für unterschiedliche Sichtweisen. Und das Beste an dieser Übung: Du musst gar nicht viel dafür unternehmen. Menschen begegnen dir im Alltag ständig. Neben deinem bisherigen sozialen Umfeld kannst du beispielsweise Smalltalk im Café, an der Bushaltestelle, im Park oder beim Einkaufen führen. Trete bewusst näher in Kontakt mit den Nachbarn, die du noch nicht so gut kennst, oder nehme Kontakt zu Verwandten auf, die du schon lange nicht mehr gesehen hast. Neue Gespräche warten auf dich an jeder Ecke, du musst nur bereit sein, sie zu führen.

Übung 3: Theaterspielen

Theaterspielen ist eine der besten Möglichkeiten, dich in andere Menschen hineinzuversetzen. Schließlich schlüpfst du hierbei bewusst in die Rolle eines anderen Menschen. Hobbys wie dieses können effektiv dazu beitragen, dich in die Gedankenwelt eines anderen zu versetzen. Schaue doch einmal, ob du in deiner Nähe eine Theatergruppe findest. Falls dir das zu viel ist, kannst du versuchen, einen (Hobby-) Schauspieler kennenzulernen, und diesen um Tipps bitten.

Übung 4: Redezeit schenken

Empathie bedeutet, eine andere Person ohne Urteil zu verstehen. Deshalb erfordert Empathie, dass man der anderen Person tatsächlich zuhört und ihr Zeit zum Reden gibt. Überprüfe daher regelmäßig dein Gesprächsverhalten. Lässt du andere ausreden, wenn sie über sich selbst sprechen, oder möchtest du sie unbedingt unterbrechen? Reagierst du auf die Geschichten anderer stets mit eigenen Anekdoten oder gehst du auf ihre Geschichten ein (etwa durch Fragen)? Überprüfe dein Gesprächsverhalten im Alltag aktiv und versuche, dich selbst mehr herauszunehmen, wenn andere über sich selbst erzählen.

Übung 5: Bedürfnisse vermuten

Bedürfnisse sind abstrakte Werte, die für nahezu jeden gelten und unser Leben bestimmen. Zum Beispiel Glück: So ziemlich alle Menschen wollen glücklich sein. Bedürfnisse können aber auch für jeden Menschen anders aussehen – nicht für jeden Menschen stehen die gleichen Bedürfnisse im Alltag im Vordergrund (abseits von sogenannten Grundbedürfnissen, die zum Überleben wichtig sind). Wenn du verstehst, dass hinter jeder Handlung und jedem Gefühl ein Bedürfnis steckt, wirst du deinen Mitmenschen ganz anders begegnen können. Du kannst Kommunikation deutlich besser gestalten, wenn du die Bedürfnisse anderer erahnen kannst. Auch das ist ein wichtiger Teil der Empathie. Versuche, dein Verständnis für Bedürfnisse im Alltag durch Fragen und Erahnen zu verbessern. Versuche, dich in die Gefühle und Interessen der anderen Person hineinzuversetzen. Darauf basierend kannst du Vermutungen über ihre Bedürfnisse stellen.

Ein paar Beispiele:
„Das klingt, als ob du dir Sorgen machst, wem du vertrauen kannst?"
„Ich habe das Gefühl, du fühlst dich nicht respektvoll behandelt – stimmt das?"
„Das hört sich für mich so an, als wünschst du dir mehr Wertschätzung im Alltag?"

Mit Fragen wie diesen lernst du nicht nur, ein besseres Gespür für die Bedürfnisse anderer zu haben, sondern auch, die Kommunikation zwischen zwei Menschen deutlich zu verbessern. Dein Gegenüber merkt, dass du versuchst, ihn wirklich zu verstehen, und ihm Raum bietest, sich zu erklären.

Kommunikations-Übungen

Da Kommunikation einer der wichtigsten Faktoren für gute Zusammenarbeit ist, findest du hier drei wertvolle Übungen, die du in die Praxis umsetzen darfst. Damit wird dir respektvolle Kommunikation im Alltag gelingen.

„Gedacht ist nicht gesagt, gesagt ist nicht gehört,
gehört ist nicht verstanden, verstanden ist nicht gewollt,
gewollt ist nicht gekonnt, gekonnt und gewollt ist nicht getan
und getan ist nicht beibehalten."

(Konrad Lorenz)

Übung 1: Mit positiver Sprache zum Erfolg

Übe dich in positiver Sprache. Positive Sprache vermeidet negative Formulierungen. Sie weist auf das, was wichtig ist. Anstatt den Fokus nur auf das zu legen, was schlecht gelaufen ist, sorgt positive Kommunikation dafür, dass der Blick auf die guten Punkte und das Verbesserungspotenzial gelegt wird. Positive Sprache nutzt Formulierungen, die den Fokus auf das Verbesserungspotenzial und die Erwartungen in der Zukunft legen.

Formuliere die folgenden Sätze so um, dass sie einen positiven Effekt auf deine Gefühlslage haben:

- Davon habe ich keine Ahnung!
- Oh Mist, ich bin schon wieder zu spät dran! Ich bekomme nie etwas hin!
- Ich habe einen Fehler gemacht, den ich so schnell nicht wiedergutmachen kann!
- Ich kann gar nichts.
- Immer mache ich alles kaputt.

Welche positiven Umformulierungen fallen dir zu den oben genannten Beispielen ein? Nimm dir ein paar Minuten Zeit, um die genannten Sätze zu stärkenden inneren Glaubenssätzen zu verändern.

Die neuen Aussagen könnten wie folgt lauten:

- Ich weiß, woher ich mehr Informationen zu dem Thema bekomme, und werde mich darüber informieren.
- Ich bin genau pünktlich, um meine Aufgaben trotzdem noch zu schaffen. Das nächste Mal achte ich trotzdem besser auf die Uhr.
- Ich kann jedes Problem beheben und ich erlaube es mir, auch mal einen Fehler zu machen. Schließlich ist kein Mensch perfekt.
- Ich werde weiter lernen, um meine Fähigkeiten zu verbessern.
- Auch wenn es einmal zu einem Konflikt kommt, kann man gemeinsam immer nach der besten Lösung suchen. Keiner trägt die alleinige Schuld.

Übung 2: Diskussionen inszenieren

Um dich auf verschiedene Diskussionen vorzubereiten und dich in die Gefühle eines anderen hineinzuversetzen, ist es eine gute Übung, Diskussionen zu inszenieren. Dabei lernst du, verschiedene Perspektiven einzunehmen. Das hilft langfristig dabei, die Perspektive eines anderen zu verstehen und erfolgreicher zu kommunizieren. Bitte einen Freund darum, dir bei dieser Übung zu helfen. Sucht euch ein Thema aus, über das ihr beide diskutieren könnt. Wichtig: Du vertrittst bei diesem Thema nicht die Meinung, die deiner echten Meinung entspricht. Versuche vielmehr, die Gegenseite zu präsentieren. So könnt ihr beispielsweise über eine politische Situation diskutieren. Du vertrittst dabei die Seite, die genau dem Gegenteil deiner eigentlichen Meinung entspricht. Dein Freund kann sich auch Szenarien aus der Unternehmenswelt ausdenken. Möglicherweise kann er eine Diskussion über eine fiktive Krise anzetteln. Diese Übung hilft dabei, verschiedene Argumente zu sammeln. Außerdem lernst du dabei, sachlich zu bleiben. Die Übung ist auch großartig geeignet, wenn du später einmal die Rolle eines Mediators einnehmen musst.

Übung 3: Ich-Botschaften einüben

Formuliere Ich-Botschaften. Diese Übung kannst du bestens im Alltag einbauen. Jedes Mal, wenn du das Gefühl hast, du möchtest Feedback geben oder einen Denkanstoß vermitteln, versuchst du, die Botschaft in eine Ich-Botschaft umzuformulieren. Erstelle gerne auch eine Liste mit verschiedenen Botschaften, die du umformulieren kannst. Im Folgenden erhältst du ein paar Beispiele von Aussagen, die grundsätzlich häufig automatisch als Du-Botschaften formuliert werden. Probiere einmal, sie umzuformulieren. Du erhältst zu Beginn ein Beispiel.

Beispiel:
„Du bist immer zu spät!“ Als Ich-Botschaft: „Mir ist aufgefallen, dass ich die letzten drei Treffen mehr als zehn Minuten auf dich warten musste.“

- Du bist unzuverlässig.
- Du verstehst keinen Spaß.
- Dein Bericht ist nicht gut gewesen.
- Das Beispiel hast du schlecht gewählt.
- Du lässt mich nie ausreden.
- Du hast mich schon wieder unterbrochen.
- Du zeigst überhaupt kein Verständnis für meine Perspektive.
- Du wirkst total aggressiv.
- Warum reagierst du gleich so genervt?
- Warum bist du so abweisend?
- Du nimmst mich überhaupt nicht ernst.
- Du verhältst dich respektlos.
- Du gibst mir keine Zeit.
- Du überforderst mich.
- Du behandelst mich nicht fair.

Übung 4: Dein wichtigstes Instrument – die Stimme

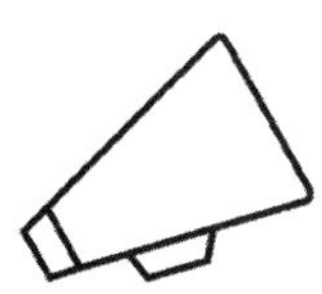

Der Ton macht die Musik!

Um die verbale Kommunikation zu deinem Vorteil nutzen zu können, darfst du außerdem deine Stimme nicht außer Acht lassen. Wie wichtig die Stimme ist, erkennst du an Dingen wie Hörbüchern oder Vorträgen und Gesangsdarbietungen. Auch Stand-up-Comedy zählt dazu. Du bist eher einer angenehmen Stimme zugeneigt und leihst ihr dein Ohr. Die Melodie einer Stimme, die Pausen, die Höhen und Tiefen, das Flüstern und Summen verleihen dem gesprochenen Wort sozusagen mehr Tiefgang, als wenn du das Wort bloß liest. Wie Sänger ihre Stimme mit Atemtechniken und Tonleitern trainieren, so kannst auch du mehr aus deiner Stimme herausholen, wenn du sie entsprechend trainierst.

Power-Pose

WONDER WOMAN
SUBWAY GUY
OBAMA
THE CEO
VICTORY

Um das Potenzial deiner Stimme ausschöpfen zu können, solltest du eine selbstbewusste Haltung einnehmen. Denn wenn man eine selbstbewusstere Haltung einnimmt, wirkt sich das gleichzeitig auf die Stimme aus und du klingst auch selbstbewusster. In ihrem TedTalk *Your Body Language May Shape Who You are* (TED, 2012) spricht Sozialpsychologin Amy Cuddy von sogenannten „Power-Posen" und darüber, wie sie mit Superhelden assoziiert werden. Mit diesen Power-Posen findest du eine ganze Bandbreite an Haltungen, die du für den Anfang vor dem Spiegel üben kannst.

Schau dir zum Beispiel die Haltung von Lynda Carters *Wonder Woman* oder Henry Cavills *Superman* an. Tom Hiddlestons *Loki* schafft es, dass sich die Besucher der San Diego ComicCon 2013 praktisch die Lunge aus dem Hals schreien, bloß weil sie seine Stimme im Dunkeln hören. Seine Haltung auf der Bühne (nachdem die Lichter wieder angehen) ist nicht nur seinem Charakter des MARVEL-Antihelden entsprechend, sondern beweist einschlägig, wie Stimme und Haltung zusammenspielen. Seine Wirkung auf die Menge ist sogar so gewaltig, dass sie verstummt, sobald der Schauspieler in seiner Rolle den Finger an die Lippen legt. Deine Körperhaltung hat durchaus mit deiner Stimme zu tun. Du klingst selbstbewusster, wenn du auch genauso stehst. Deine Ausstrahlung, basierend auf deiner Körperhaltung, wird im Punkt *Wie wirke ich?* aber noch ausführlicher besprochen.

Für diese Übung musst du nicht ewig in einer Power-Pose verharren. Stelle dich 2 Minuten in einer Pose deiner Wahl vor den Spiegel und halte sie. Lynda Carters Wonder Woman ist für dieses Beispiel am einfachsten zu bewerkstelligen: Stelle dich aufrecht hin. Die Beine stehen fest auf dem Boden und etwa hüftbreit. Du drückst die Schultern durch und hebst das Kinn. Dann stemmst du die Hände in die Hüften. Tadaa – Wonder Woman! Halte dabei Blickkontakt mit deinem Spiegelbild. Das hilft dabei, diesen auch mit einem anderen Gesprächspartner zu halten. Wichtig dabei ist, dass du das Bild auf dich wirken lässt. Gehe darauf ein und mache dir keine Gedanken darüber, wie das jetzt aussehen könnte, wenn dich jemand sähe. Du kannst dein Spiegelbild auch anlächeln. Das wirkt bei Nervosität genauso Wunder. Mache dich selbst nicht kleiner, als du bist – verlagere dein Gewicht gleichmäßig auf beide Beine und verschränke deine Arme nicht vor der Brust. Du musst deiner Lunge genügend Raum geben, um beim Sprechen Luft holen zu können, und das funktioniert bei verschränkten Armen nicht. Deine Schultern sind locker und deine Arme genauso. Gut, das sind jetzt Informationen, die nachvollziehbar sind. Klar muss man locker bleiben und eine entspannte Haltung einnehmen, aber welche Übungen helfen dabei am besten?

Die Marionette

Neben den Power-Posen gibt es eine Reihe von Lockerungsübungen, die deinem Körper dabei helfen, unterschwellige Anspannung loszuwerden. Sie sind ganz einfach und bedürfen lediglich deines Körpers, also sind keine zusätzlichen Geräte notwendig. Eine dieser Übungen besteht darin, deine Schultern hochzuziehen. Ziehe sie bis an deine Ohren an und halte sie für etwa 5 Sekunden oben. Zähle dabei langsam bis fünf. Lasse dir dabei ruhig Zeit. Dann kannst du deine Schultern fallen lassen wie eine heiße Kartoffel. Okay, also nicht zu heftig, denn diese Übung soll dich entspannen und nicht dafür sorgen, dass du dir womöglich etwas zerrst. Stell dir vor, wie Fäden deine Schultern in die Höhe ziehen und sie dort halten. Nach 5 langen Sekunden kappt jemand die Fäden und deine Schultern fallen. Mache diese Übung mindestens 3-mal, bevor du dich der nächsten widmest.

Wo ist dein Schlüssel?

Diese Übung ist auch als *Ausklopfen* oder *Aufwecken* bekannt, aber sie erinnert durchaus an die Geste, die du machst, wenn du deinen Schlüssel oder dein Handy suchst. Auch hier fängst du bei deinen Schultern an und klopfst mit deinen Händen leicht darauf. Die Handinnenfläche deiner rechten Hand wandert danach deinen linken Arm hinab, weiterhin in sanften, klopfenden Bewegungen. Auch die innere Seite deines Arms und deine Achseln darfst du dabei nicht vergessen. Dasselbe machst du dann mit deiner linken Hand und deinem rechten Arm (Muss ja alles gerecht verteilt sein, nicht?). Sobald deine beiden Hände wieder gemeinsam einsatzfähig sind, klopfst du dir über den Oberkörper, bis du bei deinen Beinen angekommen bist und auch diese vorne und hinten abklopfst – ungefähr so, wie die Sicherheitsleute am Flughafen es machen, bevor sie dich darum bitten, die Schuhe doch noch auszuziehen. Zum Schluss schüttelst du deine Hände und Füße aus. Stell dir vor, dein Schlüssel könnte aus den Ärmeln oder aus den Hosenbeinen doch noch seinen Weg ans Tageslicht finden. Wenn du die Übung abgeschlossen hast, wiederholst du die Abläufe noch einmal und gehst danach zum *Korken* über.

Der Korken

Jetzt geht es dir an den Kragen, besser gesagt: an den Kiefer. Wenn du gerade keinen Korken zur Hand haben solltest, ist dein Daumen für diese Übung genauso gut. Öffne deinen Mund leicht und lege deinen Daumen zwischen deine Kiefer. Beiße nicht darauf, bleib so entspannt, wie es geht. Mit deinem Daumen im Mund stellst du dich jetzt vor. Du sagst so deutlich wie möglich deinen Namen und begrüßt unsichtbare Zuhörer. Heiße sie freundlich zu deiner Präsentation / deinem Vortrag willkommen. Was bemerkst du? Oder besser gefragt: Wie fest beißt du dir beim Sprechen auf den Daumen? Da sagt mal einer, du brauchst solche Entspannungsübungen vor einem Vortrag nicht. Vergleiche deine Stimme und deinen Ausdruck anschließend einmal ohne Daumen im Mund. Merkst du etwas?

Die Gesichtsmassage

Auch diese Übung entspannt die Muskeln in deinem Kiefer und in deinem Gesicht. Es ist eine Folge mehrerer Berührungen und Griffe, die auf die Faszien abzielt. Du kannst damit beginnen, deinen Mund wieder leicht zu öffnen. Danach fasst du mit den Fingern an deine beiden Ohrläppchen und ziehst sie leicht nach unten – gerade genug, dass du einen leichten Zug spürst, dieser dir aber nicht wehtut. Lass das einen Moment wirken und wiederhole diesen Griff noch einmal. Anschließend fasst du dir an die Ohrmuscheln und ziehst die Ohren behutsam ein kleines Stück von deinem Kopf weg. Dein Mund ist dabei immer noch leicht geöffnet und dein Griff ist nicht zu fest. Sagen wir, du zählst auch hier langsam bis 5 und lässt deine Ohrmuscheln dann los. Wiederhole diese Übung danach noch einmal. Der nächste Schritt widmet sich nämlich deinen Wangen. Du öffnest wieder leicht deinen Mund und fasst dir dann mit Zeigefinger und Daumen an die Wangen, bevor du leicht an der Haut ziehst. Es sind aufeinanderfolgende und kurze Bewegungen, als würdest du dir selbst in die Wangen kneifen, die den Kiefermuskel auflockern. Du wanderst Stück für Stück höher und vergisst dabei die Stelle unter deinen Ohrläppchen nicht, dort, wo Ober- und Unterkiefer zusammenkommen. Auch an deinen Wangenknochen kneifst du von deinen Nasenflügeln an einen Weg nach außen hin. Wiederhole das noch einmal und gehe dann zum letzten Teil über.

Hierfür massierst du dir mit den Fingern den kleinen Weg von der Nasenwurzel über die Stelle zwischen den Augenbrauen bis hin zur Mitte der Stirn. Eine leichte Bewegung, die du mehrmals wiederholst. Dann nimmst du die Finger deiner anderen Hand und „ziehst" dagegen, also die Nasenwurzel hinab über den Nasenrücken. Deine beiden Hände sind jetzt also damit beschäftigt, „Tauziehen light" mit der empfindsamen Haut zwischen deinen Augenbrauen und deiner Stirn zu spielen. Wiederhole diese Berührung, bis die Entspannung langsam spürbar wird. Obwohl diese Griffe und Massagen bei einem verspannten Kiefermuskel eingesetzt werden und gegen Knirschen der Zähne helfen, kann es nicht schaden, sie auch für einen entspannten Gesichtsausdruck einzusetzen.

Schaffe einen überzeugenden Eindruck durch den richtigen Ausdruck

Nachdem du dich um dein Gesicht gekümmert hast, geht es jetzt an deine Stimme. Um deine Stimme bestmöglich auf einen längeren Einsatz vorzubereiten, solltest du deinen Kehlkopf feucht halten. Das heißt: Wenn möglich, nur stilles Wasser trinken, denn dann minimierst du die Wahrscheinlichkeit, beim Sprechen aufstoßen zu müssen. Für die Koffein-Enthusiasten bedeutet das aber auch, bis nach dem Vortrag auf ein koffeinhaltiges Getränk zu verzichten. Koffein entzieht dem Kehlkopf die nötige Feuchtigkeit und verklebt ihn sozusagen. Du musst dann häufiger schlucken oder dich räuspern. Regelmäßige Atemzüge in den Bauch – die Luft bleibt nicht in der Lunge, sondern dein Bauch weitet sich merklich mit dem Zwerchfell – beruhigen nicht nur, sondern bereiten deine Lunge auf höhere Kapazitäten vor. So schnappst du beim Sprechen nicht nach Luft und kannst in den kurzen Pausen zwischendurch durch die Nase einatmen. Nach der entsprechenden Vorbereitung kannst du deine Stimme nun mit allerlei Schabernack aufwärmen.

Summm und Brumm.
Das ist ein leichter Einstieg und eine Übung, die du immer wieder zwischendurch machen kannst, am besten in Vorbereitung und dann noch einmal vor Beginn deines Einsatzes. Summe dein Lieblingslied oder die Tonleiter oder was auch immer dir Freude bereitet. Summen, nicht singen. Auf dem Weg zur Arbeit, beim Frühstück, beim Teetrinken – Summen ist flexibel einsetzbar. Für die tiefen Töne kannst du beispielsweise brummen. Gegebenenfalls kannst du diese Übung als Ohrwurm tarnen. Ohrwürmer sind nachvollziehbar, jeder kriegt sie immer mal wieder – selbst, wenn es aus irgendeinem Grund das Intro zu Biene Maja sein sollte, bloß, weil du summst.

Schmeckt's?
Laute wie „Mjam!" oder „Yummy!" drücken nicht nur aus, dass etwas gut schmeckt – sie eignen sich auch gut zum Aufwärmen, wenn du nach dem Summen ein wenig Abwechslung brauchst.

Schnauben wie ein Pferd.
Richtig gehört: Schnauben wie ein Pferd klingt nicht nur lustig, sondern lockert auch die Stimme und die Lippen. Dabei die Stimme nicht vergessen und nicht bloß die Lippen vibrieren lassen.

Zischlaute.
Die Buchstaben P, T, K, F sowie die Laute TZ und SCH kurz aufeinander folgen lassen, hält das Zwerchfell flexibel, weil du währenddessen schnelle Atemzüge einbaust.

Monatsnamen.
Indem du die Namen der Monate aussprichst, als würdest du eine Kerze auf einer Geburtstagstorte auspusten, übst du die Zwerchfellfederung weiter.

Pfeifen!
Wie ein nichtsahnender Cartoon-Charakter, weil das Wetter schön ist. Dabei immer mit einem tiefen Ton enden.

Magische Worte.
Stimmhafte Wörter wie „Mandelmus" oder „Honigmilch" kannst du aufsagen, nachdem du dich genug aufgewärmt hast.

Liste stimmhafter Wörter und Sätze zum Nachsprechen

- Kuchengabel
- Musikantenknochen
- Honigmelone
- Arachnophobie
- Markttag
- Konzentration

Zungenbrecher wie „Fischers Fritz" mehrmals wiederholen

Den helfenden Engeln entgegen;
Wenn Schmerzen es brennend verzehren!

Barbara saß nah am Abhang,
Mannhaft kam alsdann am Waldrand

Entdeckend des Herzens Wehe,
Spitzfindig ist die Liebe!

Sie nimmt nicht immer blindlings;
Sprach gar sangbar – zaghaft langsam;
Wirkt sie mit Witz nicht minder.
Oh Sonne, thronst so wolkenlos!

Schon flog der Vogel hoch empor.
Wohl knospen Rosen schon, wo Moos.

Diese Übungen sollten bestenfalls nicht nur einmal gemacht werden, sondern immer mal wieder und zwischendurch. So bist du immer gut vorbereitet. Eine andere Übung wäre, deinen Vortrag / deine Rede zu klassischer Musik zu trainieren. Nicht, weil die Musik entspannen soll, sondern weil das Ohr sich an den Rhythmus gewöhnt und du danach besser einschätzen kannst, wann du eine Pause machst oder wann dein Vortrag / deine Rede den „Höhepunkt" erreicht. Das Gute an klassischer Musik ist, dass viele Stücke verschiedene Sätze, also Teile, haben und du die kürzeren Teile zum Beispiel zur Übung für Kurzvorträge nutzen kannst. Wähle ein ruhigeres und langsames Stück, damit du mit dem Sprechen auch noch hinterherkommst.

Dir zuzuhören sollte so angenehm wie möglich sein. Und das Sprechen sollte genauso angenehm für dich sein.

Bevor du beginnst, stelle sicher, dass du das Musikstück ein- oder zweimal und ohne Sprechen gehört hast. Passt es zu dir? Kannst du dir vorstellen, dazu zu üben? Eignet es sich gut dafür? Wenn du das entsprechende Stück gefunden hast, kümmere dich um den Inhalt, den du präsentieren möchtest. Zerlege ihn in passende „Häppchen" und organisiere diese so, dass sie in den Rhythmus des Stücks hineinpassen. Markiere dir dabei auch die Pausen – sowohl Sprech- als auch Atempausen – und beziehe sie in dein Zeitfenster ein. Niemand hat eine Lunge wie ein Pottwal oder eine unbegrenzte Aufmerksamkeitsspanne. Deswegen kannst du diese Pausen ruhig einberechnen. Visualisiere dir deinen Inhalt so, wie es dir am besten passt. Schreibe dir den Vortrag noch einmal runter oder setze ihn zusammen wie einen klischeehaften Drohbrief aus Zeitungspapierschnipseln.

Wie gesagt: Es ist egal, wie, Hauptsache, du visualisierst. Nicht nur hilft dir das, den Inhalt zu verinnerlichen – es hilft dir auch dabei, dich mit dem Inhalt auf eine kreative Art und Weise zu befassen. Die Vorbereitung soll schließlich Spaß machen. Wenn du selbst Spaß an der Vorbereitung deines Inhaltes hast, wird sich dieser auch auf deinen eigentlichen Vortrag übertragen. Das funktioniert übrigens nicht in letzter Minute. Du musst dir für diese Übung genug Zeit nehmen, damit sie auch ihre Wirkung entfalten kann, damit du beim Gedanken an die Rede / den Vortrag nicht nervös wirst und dein Magen sich nicht zusammenzieht. Sich zeitnah mit Inhalten auseinanderzusetzen, ist deswegen nur von Vorteil – für dich und für deine Zuhörer.

Übung 5: Körper*sprache*

Die Körpersprache ist nicht nur ein Spiegelbild unseres Innenlebens, sondern kann auch das Gegenteil zum Gesagten darstellen. Das gängige Missverständnis ist das Kreuzen der Arme vor der Brust. Der ehemalige FBI-Agent und Autor mehrerer Bücher zum Thema Körpersprache, Joe Navarro, sagt, dass man damit seinen Gesprächspartner nicht „blockieren" oder sich vor ihm schützen will, sondern dass man sich damit praktisch selbst umarmt. Schließlich wird man seit Kindertagen in den Arm genommen, wenn man traurig oder aufgewühlt ist oder einfach nur emotionale Unterstützung braucht.

Hier gilt es, festzuhalten, dass die Körpersprache stark vom kulturellen Hintergrund gefärbt wird. Es gibt lediglich generalisierte Anhaltspunkte, die ein klareres Bild ergeben, sobald sich mehrere Indikatoren häufen.

Ein weiteres Beispiel: Versuche einmal, auszudrücken, dass du etwas nicht sicher weißt, ohne dabei die Schultern hochzuziehen, weder die eine noch die andere. Zweite Runde: Versuche einmal, nachzuverfolgen, wie viele Gesichtsausdrücke du benutzt, um *Ich weiß es nicht* auszudrücken. Wie viele von den Folgenden waren dabei?

- Nach unten gezogene Mundwinkel
- Zusammengezogene Brauen
- Langes Seufzen mit hochgezogenen Brauen
- Schnauben der Lippen
- Kopf leicht hin- und herbewegen
- Die „Schnute" und Wegsehen

Die „Schnute" ist übrigens auch zu sehen, wenn man nachdenkt. Manchmal macht man mit der Stimme auch ein langgezogenes *Mhhhmmmm* und verschafft sich so ein wenig Zeit, bevor man mit einer Antwort, oder eben keiner, herausrücken muss.

Die Körpersprache dient hauptsächlich dazu, die Lage auszuloten. Wie verläuft ein Gespräch, was erwartet mein Gegenüber? Ist es angespannt oder entspannt, sauer oder freut es sich, mich zu sehen? Und wie viel von alldem wird eigentlich durch den ersten Eindruck beeinflusst?

Der erste Eindruck ist bekanntlich der wichtigste und muss „sitzen", wie es so schön heißt. Andererseits beginnen die engsten Freundschaften hin und wieder mal mit „Am Anfang fand ich dich echt arrogant". Deswegen sei hier gesagt: Der erste Eindruck muss dann sitzen, wenn du die Person in nächster Zukunft nicht wiedersehen könntest, dir für die Zukunft aber einen guten Eindruck sichern willst.

Der erste Eindruck zählt also vorrangig bei Vorstellungsgesprächen, Kundengesprächen oder vielleicht sogar bei der Wohnungssuche. So gesehen ist der erste Eindruck nichts anderes als der langfristige Eindruck, den du hinterlässt. Aber – und hier ein weiterer, wichtiger Punkt – es sind die kleinen Details, die zählen.

Wie riechst du? Trägst du Schmuck? Und wenn ja, welchen? Hat der Schmuck einen sentimentalen Wert für dich und trägst du ihn jeden Tag? Oder hast du für einen besonderen Anlass besonderen Schmuck hervorgeholt? Wie auffällig ist der Schmuck, den du trägst, im Vergleich zu deiner Kleidung, die du für einen besonderen Anlass ausgewählt hast? Welche Kleidung trägst du jeden Tag? Sind deine Schuhe nur zu besonderen Anlässen sauber und vielleicht sogar poliert oder ist dem jeden Tag so? Fragen über Fragen, die man sich allein aufgrund von gewählter Kleidung und Schmuck stellen kann. Und fast genauso viele könnte man sich zur eigenen Erscheinung stellen: Sind deine Haare kurz oder lang? Gefärbt oder Natur? Ist deine Haut gepflegt? Was ist mit deinen Augen? Sind sie gerötet und wirken müde oder wird in ihnen ein ausgeruhter und wachsamer Ausdruck erkennbar? Wird dieser durch deine Augenbrauen unterstrichen? Bei Herren kommt die Frage auf: Bartträger oder nicht? Ist der Bart gepflegt oder nicht?

Du siehst: Die Liste ist ellenlang. Da ist es kein Wunder, wenn man nervös ist und sich eine Situation „zerdenkt", obwohl sie noch lange nicht eingetreten ist. Außerdem hängt noch einiges von der eigentlichen Situation ab, in die man sich begibt. Arbeitet diese mit Hierarchien, kannst du die Wahl deiner Kleidung ruhig davon beeinflussen lassen, wo in der Hierarchie du dich selbst siehst oder wohin du möchtest. Auch das verrät einiges über deine Ziele und beeinflusst, wie du dich präsentierst. Frauen neigen im Vergleich zu Männern zum Beispiel leider dazu, „tiefer zu stapeln", und bleiben deshalb länger in Positionen, für die sie eigentlich überqualifiziert sind.

Das ist nicht die Schuld der Frauen, sondern die Schuld einer ewig langen Menschheitsgeschichte, die Männern das Zepter in die Hand gedrückt hat, ohne Frauen dafür tatsächlich in Betracht zu ziehen. Es ist eine allgemein anerkannte Wahrheit, dass es schwerfällt, aus alten Mustern auszubrechen. Die Körpersprache und die Wirkung im Hinblick auf Männer und Frauen zu analysieren, könnte ein weiteres Buch, wenn nicht sogar mehrere, füllen.

Wenn man nicht genau weiß, wie sich die eigene Körpersprache einsetzen lässt, außer dafür, Dominanz und Selbstbewusstsein zu suggerieren, kann man an Kinder denken, und zwar im folgenden Sinne: Wenn Kinder mit einer Situation nicht umzugehen wissen und vielleicht sogar ängstlich oder nervös sind, schauen sie zu ihren Eltern. Reagieren die Eltern übertrieben und eilen angsterfüllt zum Kind, wenn es im Sandkasten hingefallen ist (ohne dabei etwas mehr abbekommen zu haben als einen Schreck), so werden auch die Kinder ängstlich im Umgang mit ihrer Umwelt. Solange man also eine bestimmte Rolle besetzt, die für noch weniger erfahrene Mitmenschen leitend ist, ist das Ziel: beruhigen, erden, deeskalieren.

Es gibt eine Reihe von Gesichtsausdrücken und Körperhaltungen, die man direkt deuten kann. Das ist evolutionär bedingt praktisch instinktiv. Für einen kleinen Überblick findest du unten eine Tabelle. Wie viel von den genannten Haltungen und Ausdrücken trifft auf dich zu? Welche verwendest du und welche passen deiner Meinung nach eher zu einer anderen Emotion?

Emotion	Ausdruck / Körpersprache
Aufmerksamkeit	Blick zur Quelle gerichtet, Notizen schreiben zwischendurch, Oberkörper leicht nach vorn gebeugt
Ekel	Nasenwurzel kräuselt sich, Augenbrauen zusammengezogen und Augen schmal, würgen, Mundwinkel zeigen nach unten, Zunge zeigt sich, Blick wird abgewandt
Erschöpfung / Müdigkeit	Langes Seufzen, Augen sind geschlossen, Körper in entspannter Haltung / sucht sich eine bequemere, halb-aufrechte Position, Gähnen, Blick abgewandt, „starrt"
Furcht / Angst	Augen weit geöffnet, Atem geht schneller, Schultern angespannt, Kiefer zittert / bebt, Blick „zuckt suchend"
Freude / Heiterkeit	Breites Lächeln erreicht die Augen, Klatschen in die Hände beim Lachen, Körper „geht mit", Tränen in den Augen vor Lachen
Langeweile	Sinken in den Stuhl, verschränkte Arme vor der Brust oder Kopf liegt in der Hand, Oberkörper lehnt halb, Blick abgewandt, man versucht, „Hände zu beschäftigen"
Missfallen	Lächeln erreicht die Augen nicht, Körper bleibt auf Distanz, Brauen gehen kurz und schnell nach oben, Kopf neigt dabei auf eine Seite
Missachtung / Verachtung	Gesichtsausdruck „versteinert sich", Lippen werden schmal, Blick geht abwertend von oben nach unten, Stirn furcht, Mundwinkel zeigen nach unten, Kinn schiebt sich vor
Staunen / Überraschung	Brauen gehen nach oben, Mund öffnet sich weit, evtl. schlägt die Hand vor den Mund
Verlegenheit / Schüchternheit	Blick gesenkt, kleines Lächeln, Hand an der Seite des Halses oder im Nacken, evtl. „wippen" die Füße
Verwirrung	Zusammengezogene Brauen, fragender Blick, Kopf bewegt sich langsam, kurzes Blinzeln
Vorfreude	Breites Grinsen, kleiner „Freudentanz" (meist in den Schultern), Augen kurz zusammengekniffen, evtl. sich über die Lippen lecken
Verzweiflung	Langes Ausatmen, Kopf in den Händen, Gesicht und /oder Mund verdecken
Wut	Lippen in einer blassen Linie, Kiefer fest, Kinn leicht nach vorn geschoben, Gesicht wird vom Hals aufwärts rot, plötzliche Bewegungen wie Faust auf den Tisch schlagen

Auch, wenn du selbst nicht dasselbe fühlst: Sobald du merkst, dass dein Gegenüber – in diesem Beispiel ein Kind – Zusicherung braucht, zeig ihm, dass alles in Ordnung ist. Im Laufe des eigenen Lebens, und besonders als Erwachsener, vergisst man schnell, dass es für Probleme auch Lösungen gibt. Gegebenenfalls kommt jetzt eine bahnbrechende Durchsage: Du kannst deinen Tag so oft von vorn anfangen, wie du willst. Nicht wie in *Und täglich grüßt das Murmeltier,* sondern eher wie: „Bis jetzt lief der Tag echt beschissen. Das hört jetzt auf, ab jetzt wird es ein guter Tag." Du kannst dich schlichtweg weigern, einen schlechten Tag zu haben. Methoden, die dir dabei helfen, sind zum einen das **Reframing** und zum anderen das **Rebranding**.

Reframing bezeichnet die Neuformulierung von negativen Gedankenmustern, um sie in ein neues und besseres Licht zu rücken.

Der Begriff „Reframing" kommt aus der Psychologie / Verhaltenstherapie und das verwandte „Rebranding" von Produkten ist in der Marketing-Branche beheimatet.

Rebranding bezeichnet die Umgestaltung einer Markenidentität, um deren Wahrnehmung von Konsumenten zu beeinflussen.

Das Reframing fördert einen sanfteren Umgang mit dem eigenen mentalen Zustand und unterstützt auf dem Weg zur Besserung. Es ist die Bereitschaft, etwas zuvor als negativ Wahrgenommenes in ein besseres Licht zu rücken, um seine Mentalität zu entlasten, wie zum Beispiel, indem man einen schlechten Tag aktiv abbricht, um jetzt mit einem „besseren" Tag fortzufahren. Ein weiteres Beispiel wäre, sich nicht selbst zu geißeln, wenn man etwas nicht sofort kann. Mit „Das ist in Ordnung, ich lerne noch" würde man das also neu formulieren und die Reframing-Technik einsetzen.

Rebranding dagegen ist ein altes Konzept in einem neuen Mantel. Das kann manchmal schwerfallen, weil man eine Marke mit einer bestimmten Form oder Farbkombination assoziiert. Um dir das noch klarer zu machen: Pixi-Bücher sind nie etwas anderes als klein und quadratisch und auch Langenscheidt hat sich die Farbkombination aus gelbem Einband und blauem, großem L patentieren lassen. Gefühlt gibt es keinen anderen Zwieback als den von Brandt und die weiße Schrift auf orangefarbenem Grund gehört einfach dazu. Wenn man also versucht, sich diese Dinge in einer anderen Form, in einer anderen Farbkombination oder sich die Schrift in Druckbuchstaben vorzustellen, bekommt das Hirn einen Kurzschluss. Es sind demnach Traditionen, die mit alldem verbunden werden. Und wie bereits erwähnt, fällt es uns Menschen schwer, mit Gewohnheiten zu brechen. Das Rebranding einer Marke ist in gewisser Hinsicht also dünnes Eis und es wird nicht darauf zurückgegriffen, es sei denn, es ist unabwendbar. Die Beispiele sind meist negativ: TikTok hieß mal musicall.y und META hieß mal Facebook. Beide Rebrandings sind noch recht aktuell und die Gründe für diese Entscheidungen sind im Internet nachzulesen.

Rebranding arbeitet auch mit visuellen Mitteln: neue Farben, neue Schrift, neues Image. Das sorgt dafür, dass du überhaupt nicht mehr an das denkst, was „vorher" war. Schließlich gibt es nichts mehr, was daran erinnert. Wenn du also einen schlechten Tag hast, denke an Reframing – Rebranding ist weniger für die eigene Person geeignet. Die eigene Identität wächst und wandelt sich kontinuierlich, weil man auf die eigenen Entscheidungen mit mehr Wissen zurückblicken kann und dazulernt. Eine Marke, die mit einem schlechten Image auch an Profit verliert, hat diese Art von Spielraum nicht.

Übung:

Du bist Vorsitzender einer globalen Marke. Diese Marke hat sich dazu entschieden, ihre Produkte nachhaltiger zu produzieren und so die Umwelt zu schonen. Zuvor war die Produktion zwar günstiger, aber eben nicht so nachhaltig, wie sie es sein sollte. Was hat dich als Vorsitzender zu dieser Entscheidung bewogen? Was bedeutet das für deine Mitarbeiter in Bezug auf Arbeitszeit und Gehalt? Wie kannst du das dem Vorstand, den Investoren (neuen und alten) darlegen? Welche Ziele hat deine Marke für die nächsten 5 Jahre? Und überhaupt: Was verkaufst du?

Reflexionsfragen zur eigenen Führungskraft

Eine wichtige Übung für jede Führungskraft ist das Reflektieren der eigenen Arbeit. Damit dir dies gelingt, erhältst du hier eine Liste von Reflexionsfragen. Stelle dir diese Fragen regelmäßig. Die Liste ist lang und du musst dir sicherlich nicht jede Frage jeden Abend stellen. Es schadet jedoch nicht, eine regelmäßige Routine einzubauen, in der du dich selbst reflektierst. Das kann beispielsweise in Form eines Wochenrückblicks sein oder aber auch eines Monatsrückblicks. Je nach Situation kannst du dich mit bestimmten Fragen beschäftigen oder die Liste einmal komplett durchgehen. Die Hauptsache ist, dass du es zur Routine machst, deine Arbeit kritisch zu beleuchten.

- Wie gut kommuniziere ich mit meinem Team?
- Bin ich klar und transparent in meiner Kommunikation?
- Höre ich aktiv zu und gebe ich klare Anweisungen?
- Wie gut delegiere ich Aufgaben und Verantwortlichkeiten?
- Gebe ich meinen Mitarbeitern genug Vertrauen?
- Biete ich ausreichende Unterstützung und Ressourcen?
- Wie gut motiviere ich mein Team?

- Schaffe ich eine positive Arbeitsatmosphäre und erkenne ich die Leistungen meiner Mitarbeiter an?
- Biete ich Entwicklungsmöglichkeiten?
- Wie gehe ich mit Konflikten um?
- Schaffe ich ein Umfeld, in dem offene Kommunikation und Zusammenarbeit gefördert werden?
- Wie gut bin ich darin, Ziele zu setzen und Ergebnisse zu erreichen?
- Bin ich in der Lage, Konflikte frühzeitig zu erkennen und konstruktiv zu lösen?
- Kann ich Ziele klar definieren?
- Kann ich meine Mitarbeiter dabei unterstützen, diese Ziele zu erreichen?
- Überwache ich den Fortschritt regelmäßig?
- Wie gut gehe ich mit Veränderungen um?
- Bin ich flexibel und anpassungsfähig?
- Kann ich mein Team erfolgreich durch Veränderungen führen?
- Wie gut entwickle ich meine eigenen Führungsqualitäten weiter?
- Nehme ich mir Zeit für persönliche Weiterentwicklung?
- Suche ich gezielt nach Feedback von anderen und nutze es zur Verbesserung meiner Führungsfähigkeiten?
- Wie gut baue ich Beziehungen zu meinen Mitarbeitern auf?
- Bin ich unterstützend?
- Schaffe ich ein Umfeld, in dem Vertrauen und Zusammenarbeit gefördert werden?
- Wie gut bin ich darin, mich selbst zu reflektieren und Verantwortung für meine Handlungen zu übernehmen?
- Bin ich bereit, Fehler zuzugeben und aus ihnen zu lernen?
- Bin ich offen für Feedback und bereit, mich weiterzuentwickeln?

Je häufiger du dich selbst reflektierst, desto besser wirst du mit der Zeit darin. Ganz nebenbei verbesserst du damit nicht nur deine Arbeit, sondern auch deine Kritikfähigkeit.

Advanced Skills: Systemische Fragetechniken

Als Vorgesetzter solltest du in der Lage sein, in jeder Situation mithilfe von angemessenen Fragen eingreifen zu können. Gute Fragetechniken stellen demnach einen der wichtigsten Aspekte exzellenter Führung dar, da sie uns gezielt dabei helfen, den Weg Richtung Lösung freizulegen. Wir unterscheiden dabei zwischen verschiedenen Arten von Fragetechniken, die jedoch allesamt unter die Kategorie der systematischen Fragen fallen. Im Folgenden werden wir dir diese durch eine kleine Übersicht näherbringen. Es ist ratsam, diese Techniken immer wieder in ihrer Anwendung zu festigen, da sie als Basis für sämtliche Interaktionen dienen.

1. Die W-Fragen

Den Begriff der W-Fragen hast du bestimmt schon einmal gehört – ob bereits in der Schulzeit oder in Coachings –, der Ausdruck ist den meisten Menschen bekannt und stellt die Basis dar, auf der auch die anderen Fragetechniken beruhen. Durch W-Fragen gelingt es uns, die Grundlagen einer Situation zu klären und diese faktisch darzustellen. Sie geben uns Aufschluss über

- das Was,
- das Wie,
- das Wo,
- das Wer,
- das Wann,
- das Warum sowie
- das Wozu

in Bezug auf die vorliegende (Problem-) Situation. Wir erhalten also grundlegende Informationen, die uns dazu befähigen, die Situation in Ihrer Gänze zu begreifen – dazu sind in der Regel aber noch andere Informationen nötig, an die wir mithilfe der weiteren aufgeführten Techniken gelangen können.

2. Geschlossene Fragen

Geschlossene Fragen lassen sich in der Regel nur mit *Ja* oder *Nein* beantworten – sehr simpel, nicht wahr? Trotz ihrer Simplizität können uns solche Fragen jedoch enorm weiterhelfen. Dadurch, dass geschlossene Fragen eine Abschweifung von der Thematik verhindern, indem sie nur durch *Ja* oder *Nein* beantwortbar sind, bleibt das Problem stets im Fokus.

3. Offene Fragen

Die offene Frage stellt das Pendant zur geschlossenen dar – sie ermöglicht der befragten Person einen gewissen Spielraum bei der Formulierung der Antwort und gibt ihr die Möglichkeit, die Dinge ausführlich zu schildern, wodurch uns meist in relativ kurzer Zeit viele wichtige Informationen mitgeteilt werden können (beispielsweise Beweggründe, Meinungen, persönliche Ansichten, selbstreflektorische Gedanken etc.). Offene Fragen sind in der Regel mit subjektiven Antworten verbunden, die die tatsächliche Situation vielleicht nicht immer korrekt widerspiegeln, weshalb diese mit einer gewissen Neutralität und Distanz zu betrachten sind.

4. Skalierungsfragen

Skalierungsfragen ermöglichen es uns, den Status quo, also die bestehende Ausgangssituation, z. B. durch die Zuordnung einer Zahl auf einer Skala (meist 1 bis 10) einzuschätzen. Sie sollten möglichst zu Beginn gestellt werden, am besten in Kombination mit den *W-Fragen,* sodass jeder Beteiligte einen Überblick über die aktuelle Lage erhält. Genau wie die offenen Fragen sind Skalierungsfragen meist mit subjektiven Antworten verbunden; es gilt also, auch hierbei diese nicht als Fakt, sondern eher als eine Art Stimmungs- oder Meinungsbarometer zu betrachten.

- Stellen Sie sich gedanklich eine Skala von 1 bis 10 vor. Beurteilen Sie nun: Wie belastend ist die Situation für Sie?
- Stellen Sie sich eine Skala von 1 bis 10 vor. Wie nahe sind Sie an Ihrem Ziel?

5. Wunderfragen

Wunderfragen fordern sowohl deine als auch die Vorstellungskraft deiner Mitmenschen heraus, denn sie beruhen auf der Visualisierung des gesetzten Ziels, welches erreicht werden möchte. Der Begriff Wunder mag zwar etwas utopisch auf Sie wirken, jedoch geht es letztlich nicht darum, das Unmögliche möglich zu machen, sondern darum, limitierende Mindsets abzuschaffen und für mehr Motivation zu sorgen. Eine solche Methode kann ein demotiviertes und frustriertes Team schnell wieder auf den richtigen Weg bringen, indem sich dessen Mitglieder das Ziel vor Augen führen und sich ein Bewusstsein über die Vorteile, die die Lösung des Problems mit sich bringt, schaffen. Die Lösung wird somit zum positiven Hauptfokus des Gesprächs, der das Team motiviert und zum Arbeiten anregt.

Was wäre, wenn alle Probleme und Schwierigkeiten auf einmal, wie durch ein Wunder, verschwunden wären?

6. Paradoxe Fragen

Manchmal können Problemsituationen eine gewisse Bitterkeit im Menschen auslösen – sie verschlechtern die Stimmung und führen uns weg vom Ziel. Vor allem ist dies keine Seltenheit, wenn sich jemand zu Unrecht schlecht behandelt fühlt und sich somit sein Verhalten folglich negativ auf das System auswirkt. Wir alle wissen, wie es ist, wenn man sich mal eingeschnappt oder gar gekränkt fühlt. Per se ist es nicht schlimm, sich über gewisse Dinge mal aufzuregen; das sind ganz normale Emotionen, die wir alle kennen. Aber wenn wir merken, dass dieser Gemütszustand sich als hindernder Faktor entpuppt, müssen wir auch in der Lage sein, diese Auswirkungen zu analysieren und gegen sie vorzugehen. Hierbei kommen paradoxe Fragen ins Spiel. Wir können solche Fragen sowohl in Gruppen- als auch in Einzelsituationen anwenden. Paradoxe Fragen setzen dabei oftmals auf Humor und einen lockeren Umgang mit der Thematik, der die Situation schnell und oft auch erfolgreich entschärfen kann. Auch wenn die Auseinandersetzung oberflächlich betrachtet nicht sehr ernst scheinen mag, ist sie dennoch äußerst hilfreich, denn manchmal bringt es (vor allem in spannungsgeladenen Situationen) mehr, die Dinge etwas lockerer anzugehen. Paradoxe Fragen sind dabei auch meistens nicht zu beantworten. Die Selbstreflexion geschieht demnach auf eine lockere und humorvolle Art, die schlechte Laune vertreiben und den Problemlösungsprozess schneller vorantreiben kann.

- Stellen wir uns vor, das Problem würde sich vergrößern: Was müssten Sie tun, damit Ihnen dieses Vorgehen gelingt?

7. Indirekt systematisch-zirkuläre Fragen

Zirkuläre Fragen werden als Technik in der systemischen Beratung angewandt, um jemanden zu motivieren, eigenständig die Perspektive zu wechseln. Zudem ermöglichen zirkuläre Fragen die Gewinnung von Informationen über die eignen Denkweisen sowie das eigene Verhalten aus dem Blickwinkel von anderen Mitgliedern eines Systems. Somit machen zirkuläre Fragen das Beziehungsgeflecht zwischen den Mitgliedern eines Systems sichtbar. Auf diese Weise deckt diese Frageform innere Begrenzungen auf, die sich ein Individuum in seinem System auferlegt. Das Auferlegen funktioniert dabei durch das Mutmaßen einer bestimmten Handlungsweise eines anderen Individuums. Es werden somit Menschen aus der Umgebung des Befragten in die Beratung einbezogen. Die Vorteile von zirkulären Fragen sind vor allem, dass durch die veränderte Perspektivierung der Situation neue Blickwinkel geschaffen werden können. Für den Berater besteht der Vorteil dieser Technik vor allem darin, neue Informationen über Verhältnisse einer Situation zu erlangen.

8. Verhaltens- und Situationsfragen

Verhaltensfragen sollen zum Ausdrücken der persönlichen Meinung bezüglich des Handelns in einer Problemsituation anregen. Wir werden also durch sie darum gebeten, unsere eigenen Ansichten und Ideen darzustellen und diese offen preiszugeben. Wir sollen also schildern, warum oder wieso – oder gar wie – wir in einer Situation persönlich handeln würden. Antworten auf solche Fragen dürfen also zum Beispiel Lösungsvorschläge enthalten, Situationen evaluieren und dienen auch im Allgemeinen dazu, unsere Stimme hörbar zu machen.

- Wann läuft es gut und Sie haben diese Sorgen und Probleme nicht?
- Was ist anders, wenn es schlecht läuft?

9. Metapherfragen

Metaphern sind äußerst beliebte Stilmittel, welche sich zum Beispiel in sämtlichen Sparten der Literatur wiederfinden – es ist jedoch auch möglich, sie an Berufsalltagssituationen anzupassen und folglich in systematische Fragen einzubauen. Metaphern repräsentieren einen vorliegenden Sachverhalt durch das Verwenden von verschiedenen Symbolismen, die oft zwar nicht direkt etwas mit dem Thema zu tun haben, sich jedoch trotzdem gut auf dieses übertragen lassen. Diese Symbole stehen für das Thema selbst oder repräsentieren zumindest einzelne Aspekte der Thematik. Wir müssen uns also vorstellen, wie es wäre, wenn die Situation oder die Problematik beispielsweise ein Objekt wäre, welches man visuell wahrnehmen und auch deutlich beschreiben kann. Durch diese auf den ersten Blick abstrakt wirkende Vorgehensweise wird es uns ermöglicht, die vorliegende Problematik zu evaluieren und übersichtlich darzustellen.

Beispiel:
Wenn das Projekt ein Auto wäre, ...
... wohin würde es reisen? (Frage nach dem Endziel des Projektes)
... wer würde es fahren? (Frage nach der Person, die das Projekt leitet)
... welche Passagiere wären im Fahrzeug? (Frage nach den Teammitgliedern)
... was würden die einzelnen Passagiere machen? (Frage nach den Aufgaben)
... wie würde es aussehen? (Frage nach der Beschreibung des Projektes, Problems, ...)
usw.

Wie Sie also erkennen können, bietet sich das Verwenden von Metaphern besonders dann an, wenn es darum geht, der vorliegenden Situation eine gewisse Ordnung zu geben, sodass sich jeder im Team auf demselben Stand befindet. Dieser etwas spielerische Ansatz kann auch dabei helfen, Denkblockaden aufzuheben, und regt dabei teilweise auch die Kreativität der Nachdenkenden an.

10. Lösungsorientierte Fragen

Der Name der hier vorgestellten Frageart spricht schon fast für sich selbst. Lösungsorientierte Fragen sind Fragen, welche darauf abzielen, verschiedene Lösungsmöglichkeiten für ein Problem aufzudecken. Sie zielen darauf ab, jeweils Aufschluss über die verschiedenen Lösungstaktiken zu geben, und ermöglichen es uns, jene folglich miteinander zu vergleichen, sodass wir die, die uns am effektivsten zum Ziel führen, auswählen und anwenden können. Am besten lässt sich dies auch wieder an einem Beispiel verdeutlichen.

Beispiel: Wie würde die Situation aussehen, wenn wir einen bestimmten Faktor (von dem wir z. B. ausgehen, dass er problematisch sein könnte) weglassen würden?

Wie würde sich die Effizienz des Teams ändern, wenn wir Person X, die Experte in dem Bereich ist, in eine höhere Position innerhalb dieser Gruppe befördern würden?

Was könnte passieren, wenn wir Strategie A anwenden würden? Wie könnte sich die Situation verändern?

11. Musterfragen

Musterfragen sollen verschiedene Verhaltensmuster und -weisen aufdecken, welche du in der Regel ohne die notwendige Reflexionsarbeit nicht von selbst identifizieren kannst. Es handelt sich bei diesen Mustern meist um Handlungsfolgen, die sich in mehrere Schritte aufgliedern lassen. Dies ist hilfreich, denn nicht selten tendieren wir dazu, unsere Taten als Gesamtbild zu betrachten, anstatt uns über die einzelnen Komponenten dieser Gedanken zu machen. Dieser fatale Fehler bei der Evaluation von Handlungen kaschiert also verschiedene Schwachstellen und unklug gewählte Einzelschritte, die das Erreichen des Ziels ver- oder behindern. Musterfragen sind also eine Art Analysemittel, welches dazu dient, genau diese Schwachstellen aufzudecken, sodass weitere Hindernisse verhindert und der Frust aus dem Weg geräumt werden kann.

Zielsetzungen und individuelle Entwicklungspläne erstellen

Smart-Technik

Du hast in den vorangegangenen Kapiteln bereits gelernt, wie du Ziele und Aufgaben priorisieren kannst. An dieser Stelle sollst du mit der SMART-Technik vertraut gemacht werden. Dies ist eine Übung zum Setzen von Zielen.

S = Spezifisch

M = Messbar

A = Attraktiv

R = Realistisch

T = Terminiert

Ziele sollten nach dieser Formel gesteckt werden. Dadurch sollen die Festlegung und Erreichung deutlich vereinfacht werden.

S für Spezifisch und M für Messbar

Zunächst sollte ein Ziel immer spezifisch sein. Das bedeutet, es muss möglichst genau definiert sein. Vage Formulierungen sind ungünstig, da niemand genau sicher sein kann, was eigentlich gemeint ist.

Ein Beispiel:
Wir wollen viele Kunden durch Social Media erreichen.
Diese Formulierung ist nicht besonders spezifisch. Schließlich kann niemand genau definieren, was viele Kunden bedeutet. Eine bessere Formulierung lautet beispielsweise: Wir wollen dieses Jahr 10 % mehr Kunden als im Vorjahr durch Social Media erreichen. Dieses Ziel ist spezifisch. Es ist zudem messbar. Ist ein Ziel spezifisch und messbar, weiß jeder Mitarbeiter genau, was erwartet und gesucht wird.

A für Attraktiv

Zudem sollte ein Ziel auch stets attraktiv sein. Attraktive Ziele fördern die Motivation. Zum Thema Motivation hast du bereits einiges gelernt. Erinnere dich an dieser Stelle daran, dass Motivation Produktivität steigert und eine angenehmere Arbeitsatmosphäre schafft. Attraktive Ziele unterstützen dies. Sorge also im Zweifelsfall dafür, dass dein Team versteht, warum das Ziel attraktiv ist und erreicht werden soll. So kannst du beispielsweise erklären, dass das Ziel dem Unternehmen guttun wird. Verdeutliche dies an Beispielen.

R für Realistisch

Außerdem sollte es sehr realistisch sein. Unrealistische Ziele werden nicht erreicht und sorgen nur für Frust auf Mitarbeiterseite. Im oben genannten Beispiel ist es also wichtig, dass die 10 % mehr Kunden als im Vorjahr tatsächlich realistisch sind. Häufig ist es besser, die Nummer etwas zu klein als zu groß zu stecken. Das Ziel könnte auch mit den Worten *mindestens 10 % mehr* formuliert werden. Hältst du beispielsweise auch 15 % für realistisch? Beginne trotzdem mit 10 %. Erreicht ein Team mehr, ist die Freude umso größer. Setzt du allerdings 15 % an und dein Team erreicht nur 10 bis 12 %, wird es enttäuscht sein, weil das Ziel nicht erreicht wurde.

T für Terminiert

Zu guter Letzt sollte ein Ziel immer terminiert sein. Das bedeutet, du brauchst eine Deadline. Die Deadline hilft dabei, zu erkennen, wann das Ziel erreicht werden soll. Mit einer klaren Terminierung gibt es keine Missverständnisse und jeder weiß, welchen zeitlichen Rahmen er einzuhalten hat.

Ein Beispiel:
Wir wollen bis zum 31. Dezember dieses Jahres mindestens 10 % mehr Kunden durch Social Media erreichen. Verglichen werden die erreichten Kunden mit dem Vorjahr.

Ziele, die auf diese Art definiert werden, sind in der Regel dazu geeignet, die Produktivität und Motivation zu steigern. Probiere diese Strategie in deinem Team aus.

Der 5S-Werkzeugkasten von Kaizen für ein erfolgreiches Leben

Die 5S des Kaizen werden zur Optimierung des Arbeitsplatzes und Arbeitsprozesses eingesetzt.

Der Begriff **Kaizen** stammt aus dem Japanischen und setzt sich aus den Silben „Kai“, was so viel wie „Veränderung“ oder „Wandel“ bedeutet, und „zen“ zusammen. Zen bedeutet so viel wie „zum Besseren“. Der Begriff Kaizen steht also für eine Veränderung zum Besseren. Er bezeichnet eine japanische Lebensphilosophie, aber auch eine Arbeitsphilosophie und ein methodisches Konzept, das auf bestimmten Leitlinien aufbaut.

Seiri – Sortieren

Als Erstes solltest du für das Sortieren – Seiri – sorgen. Im Arbeitsbereich gilt: Konzentriere dich auf alle wichtigen Arbeitsmittel. Was benötigst du im Alltag wirklich? Schaue dich auf deinem Schreibtisch um: Sicherlich findest du zahlreiche Dinge herumliegen, die für deinen Job gar nicht notwendig sind? Entferne alles, was nur unnötig Platz wegnimmt. Das Bild von deiner Familie, die Pflanze oder der kleine Talisman darf selbstverständlich bleiben. Es geht hierbei vielmehr darum, alles aus dem Weg zu räumen, was dir weder beim Umsetzen der Arbeit hilft noch Motivation schenkt.

Alles, was für Ablenkung sorgen könnte oder sinnlos im Weg ist, sollte entfernt werden. Das gilt im Grunde auch für dein Handy. Verbanne dein Mobiltelefon doch in eine Schublade oder deine Tasche, während du arbeitest. Entferne dreckige Kaffeebecher sofort. Lasse keinen Müll herumliegen. Freizeitmagazine, Broschüren und alle Materialien, die dort nur liegen, weil sie *möglicherweise irgendwann* nützlich werden könnten, gehören verbannt. Konzentriere dich nur auf die Dinge, die tatsächlich regelmäßig für Mehrwert sorgen. Auch Materialien oder Werkzeuge, die du einmal alle paar Monate nutzt, gehören nicht an den Arbeitsplatz. Verstaue diese Dinge lieber in einer Schublade oder einer Kiste, die du entsprechend beschriftest.

Dieses Prinzip des Aussortierens kannst du auf zahlreiche Lebensbereiche übertragen. Wie viele Kleidungsstücke und Accessoires hast du beispielsweise im Kleiderschrank, die du niemals nutzt? Wie viele Küchenutensilien verstauben bei dir nur? Wie viele Gegenstände hast du in alten Kisten oder auf dem Dachboden liegen, die du wahrscheinlich längst vergessen hast?

Nimm dir endlich Zeit und sortiere Dinge aus, die du nicht mehr benötigst. Alles, was du überhaupt nicht gebrauchen kannst, wird vollständig weggegeben (beispielsweise für Umsonstläden, Flohmärkte, Wohltätigkeitsorganisationen oder auf den Müll). Alles, was du nur selten gebrauchst, wird zumindest aus dem Weg geräumt. Es spricht nichts gegen eine Kiste mit Dingen, die du wenige Male im Jahr benötigst, aber dann wertschätzt. Nur muss der

Raclettegrill, der nur Silvester zum Einsatz kommt, nicht mitten auf der Küchenzeile liegen und Platz wegnehmen. Die Freizeitmagazine machen sich besser auf einem gemeinsamen Stapel im Wohnzimmer, anstatt auf jedem Tisch im Haus verteilt zu liegen. Alte Magazine, die nicht mehr gelesen werden, sollten ganz verbannt werden.

Aussortieren sorgt für ein befreiendes Gefühl. Du wirfst eine Reihe Ballast ab und lernst, dich auf das zu konzentrieren, was wirklich wichtig ist. Außerdem führt das in allen Bereichen, in denen du aktiv werden willst, dazu, dass Ablenkungen minimiert werden. Du wirst sehen: Der Effekt ist erstaunlich.

Seiton – Systematisieren

Seiton bezeichnet das Schaffen von Ordnung. Es geht also darum, zu organisieren und zu systematisieren. Auf den Arbeitsplatz bezogen bedeutet dies: Schaffe ein sinnvolles System. Beschrifte beispielsweise deine Ordner und sortiere sie entsprechend ihrer Beschriftungen ein. Geräte, Dateien, Materialien, Ressourcen aller Art sollen möglichst einfach zu lokalisieren sein. So gelingt eine schnelle und einfache Verwendung, wann immer sie gebraucht werden. Zu diesen Schritten kann auch zählen, Gebrauchsanleitungen und Sicherheitshinweise griffbereit bei den entsprechenden Geräten zu haben. Speicherorte, Werkzeugkästen, Schubladen und Ähnliches sollten deutlich beschriftet werden. Beschriftungen sollten unverfänglich und eindeutig sein.

Diese Methode lässt sich leicht auf deinen Alltag übertragen: Erstens wirst du sicherlich auch zu Hause oder am Arbeitsplatz zahlreiche Daten und Werkzeuge zu organisieren haben. Schaffe ein System an deinem Arbeitsplatz, auf deinem Laptop, in deinem Zuhause, in deinem Home-Office etc. Aber auch außerhalb dieser Zonen kann ein System sinnvoll sein. Sicherlich kennst du auch dieses eine Werkzeug, das du ständig verlegst? Diese eine Schublade, in der alles Mögliche liegt, an das du dich gar nicht mehr erinnern kannst? Fast jeder Mensch hat solche Werkzeuge und Schubladen zu Hause. Schaffe auch hier ein System. Führe Listen mit den Dingen, die sich in einem Karton oder einer Schublade befinden sollen. Beschrifte die Kartons ordentlich. Oder wie wäre es mit einer Datei, in der du auflistest, wo sich wichtige Werkzeuge befinden? Was immer dein System ist: Du darfst gerne kreativ werden, sofern das System hilfreich ist. Ziel soll es sein, wichtige Dinge schnellstmöglich griff- und einsatzbereit zu haben.

Seiso – Sauberkeit

Seiso steht für Sauberkeit. Halte deinen Arbeitsplatz sauber, um ihn sicher und angenehm zu erhalten. Dreck und Chaos können einen Arbeitsplatz so stark verunstalten, dass die Motivation sinkt, sich überhaupt an diesen Arbeitsplatz zu begeben. Vor lauter Dreck findest du möglicherweise nicht mehr alles, was du suchst, oder du fühlst dich am Arbeitsplatz unwohl. Sauberkeit hingegen sorgt für ein Wohlbefinden. Außerdem macht Sauberkeit Probleme schneller bemerkbar, beispielsweise Materiallecks, lose Gegenstände und Teile, herumfliegendes Papier, kaputte Materialien. Nimm dir also Zeit und gib deinem Arbeitsplatz eine Grundreinigung. Langfristig kannst du es dir zur Gewohnheit machen, fünf Minuten Zeit für das Säubern zu investieren, bevor du den Arbeitsplatz wieder verlässt. Machst du dies jedes Mal am Ende des Arbeitstages, wird der Platz nur noch selten eine lange Grundreinigung benötigen.

Das gleiche Prinzip kannst du auf dein Eigenheim, dein Auto, deinen Schrebergarten und viele andere Bereiche, in denen du regelmäßig agierst, übertragen. Halte möglichst alle Aufenthaltsräume sauber. Die Motivation, an diesen Orten aktiv zu werden, wird merklich steigen und deine Probleme können schneller beseitigt werden.

Seiketsu – Standardisieren

Seiketsu bedeutet Standardisieren. Dabei geht es darum, Ordnung und Sauberkeit am Arbeitsplatz durch das Festlegen von Standards zu erhalten. So sollen Gewohnheiten entstehen, die Chaos und Dreck gar nicht erst entstehen lassen. Ein Standard kann eine Methode sein, für die du täglich fünf Minuten Zeit investierst – beispielsweise das Aufräumen des Arbeitsplatzes am Ende eines Arbeitstages, das Festlegen von Orten in der Küche für bestimmte Geräte und die Gewohnheit, alles sofort nach Benutzung wieder ordentlich an seinen Platz zurückzulegen.

Ein Standard kann eine Routine am Morgen sein, in der du Sport, eine liebevolle Nachricht an den Partner oder das Einnehmen von Vitaminen einbaust. Egal, auf welchen Lebensbereich du dich derzeit fokussierst – standardisierte Methoden sind immer hilfreich. Hast du eine Routine etabliert, hältst du dich automatisch an funktionierende Systeme. So werden dir Veränderungen immer leichter fallen. Für nahezu jeden Lebensbereich kannst du einen Standard definieren und in der Regel reichen wenige Minuten aus, sofern sie täglich investiert werden.

Shitsuke – Selbstdisziplin

Der fünfte und letzte Bereich der 5S lautet Shitsuke – Selbstdisziplin. Dies soll dich daran erinnern, dass du dich an die Angewohnheiten halten sollst. Das Kreieren von Regeln und Routinen ist nur dann langfristig wirksam, wenn du diszipliniert genug bist, um dich an deine eigenen Regeln zu halten. Bleibe engagiert, suche dir Motivationsquellen und verfolge deine Schritte ehrgeizig. Nur mit ausreichend Selbstdisziplin gelingt es dir, am Ball zu bleiben.

Dir werden immer wieder Niederlagen begegnen. Du wirst wahrscheinlich auch mit zahlreichen Tagen konfrontiert, an denen du dich kaum selbst zu etwas aufraffen kannst. Gerade für diese Tage ist Selbstdisziplin wichtig, um dennoch am Ball zu bleiben. Erinnere dich an deine Motivation, beispielsweise, indem du einen Blick auf dein Vision Board wirfst oder eine kurze Meditation durchführst. Belohne dich, wenn du dich trotz Stress und Müdigkeit zu deiner neuen Routine aufraffen konntest. Sei stolz auf dich und halte deine Erfolge fest.

Die 3 Mu unter der Lupe: Was uns am Erfolg hindert

Die sogenannten „3 Mu“ stehen für die drei Hauptursachen, die Menschen am Erfolg hindern. Sie stehen für Muda (Verschwendung), Muri (Überlastung) und Mura (Abweichung).

Muda – Verschwendung

Muda umfasst sieben grundlegende Prozessverschwendungen. Die Verschwendung wird als höchste Verlustquelle bezeichnet. Sie ist gleichzeitig die offensichtlichste Verlustquelle – jeder kann sich sofort denken, dass Verschwendung für Erfolg hinderlich ist. Die sieben identifizierten Prozessverschwendungen lauten wie folgt:

1. Überproduktion
2. Wartezeit
3. Überflüssiger Transport
4. Ungünstiger Herstellungsprozess
5. Überhöhte Lagerhaltung
6. Unnötige Bewegung
7. Herstellung fehlerhafter Teile

Die Verschwendung bezeichnet vorwiegend nicht werterhöhende Tätigkeiten. Auch wenn sich diese Begriffe zunächst auf den Business-Bereich beziehen, ist schnell klar, dass Ähnliches auch für jedermanns Alltag gilt. Verschwendung sorgt in allen Lebens- und Wirkungsbereichen dafür, dass Ressourcen an Stellen verbraucht werden, an denen sie keinen Effekt haben, und dann an anderer Stelle fehlen, wo sie hätten sinnvoll eingesetzt werden können.

Die hier aufgelisteten Bereiche sollen daher auf einem Weg mit Kaizen auch im Alltag minimiert werden. Du kannst dir dafür viele Strategien überlegen. Versuche zunächst, zu identifizieren, wo dir Verschwendung begegnet. Sicherlich fallen dir sofort unnötige Wartezeiten ein, die du sinnvoller nutzen könntest. Auch unnötige Bewegung oder Transport fallen dir sicherlich schnell ein. Wie oft haben wir nicht den Satz „Wer es nicht im Kopf hat, muss es in den Beinen haben“ gehört – schließlich vergessen wir im Alltag ständig Dinge, für die wir dann einen extra Weg gehen müssen. Damit sich diese unnötigen Wege minimieren, kannst du beispielsweise anfangen, Listen der Dinge, die zu erledigen oder zu besorgen sind, zu schreiben. Versuche das Erkennen der Verschwendungsquellen anhand eines simplen Beispiels: Nimm dir einen Moment Zeit und denke an den gestrigen Tag.

In welchen Momenten hattest du das Gefühl, du verschwendest Ressourcen? Beispielsweise, weil du unnötige Wege gegangen bist, Transportkosten hattest, die nicht notwendig waren, Zeit und Energie in Dinge gesteckt hast, die sich nicht gelohnt haben?

Es muss sich dabei nicht sofort um Momente handeln, die zu den hier definierten sieben Quellen passen. Hauptsache, du erkennst erst einmal, wie häufig du Ressourcen besser hättest einsetzen können. Gehe anschließend noch weiter in die Woche zurück und denke an Situationen der letzten drei Tage. Schreibe stichpunktartig alles nieder. Nachfolgend kannst du dir überlegen, welche dieser Dinge dir häufig passieren (bist du beispielsweise sehr vergesslich und musst häufiger zusätzliche Wege gehen?). Dort solltest du als Erstes mit der Arbeit ansetzen.

Muri – Überlastung

Die zweite große Kategorie lautet Überlastungen (Muri). Im Arbeitsumfeld geht es dabei vor allem um personelle Überbeanspruchungen, die dafür sorgen, dass Arbeitskräfte übermüdet und gestresst sind. Dies schadet dem allgemeinen Betriebsklima und sorgt für eine Fehlerzunahme. Dadurch entstehen weitere Verluste. Unterschieden wird meistens zwischen Überlastungen des Handhabungsprozesses und Überlastungen des Herstellungsprozesses. Verluste im Handhabungsprozess basieren auf der psychischen und physischen Überlastung der Mitarbeiter. Das ist beispielsweise der Fall, wenn zu viele Überstunden verlangt werden, der Arbeitsaufwand zu hoch ist oder den Mitarbeitern anderweitig zu viel abverlangt wird. Überlastungen im Herstellungsprozess entstehen beispielsweise dadurch, dass Arbeitstakte fehlerhaft ermittelt werden, Werkzeugwechsel nicht richtig koordiniert werden oder nicht ausreichend Maschinen und Werkzeuge zur Verfügung stehen. Dadurch entstehen schnell Störungen im Produktionsablauf, die wiederum ebenfalls zu Stress und Verlusten führen. Durch Maßnahmen, die das Betriebsklima stützen und ausreichend Pausen einräumen, durch gut geplante Herstellungsprozesse und ähnliche Methoden können Überlastungen verhindert werden.

Für deinen Alltag findest du sicherlich auch Fälle, die für eine Überlastung sorgen. Möglicherweise spürst du dies sogar im eigenen Arbeitsalltag. Auch im Privatleben kommen solche Überlastungen regelmäßig vor.

- Wie oft hast du schon Stress gespürt, weil du zu viele Aufgaben innerhalb eines kurzen Zeitrahmens zu erledigen hattest?
- Wie oft hast du dich durch deine Mitmenschen überfordert gefühlt?
- Wie oft hattest du das Gefühl, du konntest Dinge nicht erledigen, weil die Schlange vor dem Kopierer, die Zeit in der Warteschleife am Telefon oder die Wartezeit auf Familienmitglieder zu lang war?

Nicht alle dieser Dinge kannst du beeinflussen – sehr häufig gelingt es uns jedoch, größeren Einfluss zu nehmen, als wir denken.

Maßnahmen, wie zu lernen, Nein zu sagen oder den Tag gut zu strukturieren, und sogar die Anschaffung neuer Geräte und Werkzeuge können dem Abhilfe schaffen. Nimm dir auch an dieser Stelle einen Moment Zeit und überlege, wo und wann du dich zuletzt überlastet gefühlt hast.

- In welchen Situationen hattest du das Gefühl, zu wenig Zeit für alle Vorhaben zu haben?
- Wo und wann bist du in eine Stresssituation geraten?

Schreibe alles auf. Überlege auch hier kurz, wie du die Dinge hättest vermeiden können. Wenn dir nicht sofort einfällt, was du selbst hättest tun können, denke generell an Dinge, die geholfen hätten. Vielleicht hätte es dir geholfen, wenn dein Partner dir am Wochenende freiwillig bei der Besorgung einiger Dinge geholfen hätte oder wenn das Meeting am Freitagnachmittag nicht eine Stunde länger gedauert hätte als geplant? Die Hauptsache ist an dieser Stelle, dass du die Verlustquellen identifizierst und in kleinen Schritten überlegst, wie die Situation besser ausgesehen hätte. Je mehr Zeit du investierst, desto eher fällt dir ein – zumindest kleiner – Schritt ein, den du das nächste Mal anders gehen kannst, um Stress zu reduzieren.

Mura – Abweichung

Mura steht für Abweichung von Standards und Regeln. Oft wird dieser dritte Bereich auch als Unausgeglichenheit bezeichnet. Hierunter werden Verluste gefasst, die durch eine fehlende oder gar nicht vorhandene Harmonisierung von Kapazitäten der Fertigungssteuerung verursacht werden. Dies sind beispielsweise Staus von Aufträgen und das Entstehen von Warteschlangen an einzelnen Betriebsstationen. Sie entstehen etwa dadurch, dass nicht ausreichend Zeit für die einzelnen Schritte eingeplant oder das Timing verschiedener Prozesse nicht aufeinander abgestimmt wurde. Prozesse werden nicht so fertiggestellt, dass sie fließend ineinander übergleiten, sondern so, dass sich alle Teilbereiche an einer Station stauen. Kennst du noch Stationsarbeiten aus der Schule? Dabei erledigen Kinder eigenständig Aufgaben verschiedener Stationen nacheinander. Einen Stau kannst du dir so vorstellen, dass an jeder Station nur drei Werkzeuge zum Erledigen der Aufgabe zur Verfügung stehen. Weil eine Station jedoch deutlich länger dauert als andere, sind plötzlich viel mehr Kinder an dieser Station beschäftigt als an anderen Stationen. Drei Kinder arbeiten die Aufgabe ab, während zwei andere Kinder auf die Station warten, weil sie mit ihrer Station bereits fertig sind. Wird das Ablaufen der Stationen nicht ausreichend koordiniert, bilden sich Störungen. So ähnlich kann ein Stau auch im Großbetrieb entstehen.

Auch dies lässt sich auf deinen Alltag übertragen. Bestimmt fallen dir auch Gegebenheiten ein, bei denen du das Gefühl hattest, das Timing war nicht richtig. Störungen hätten dadurch vermieden werden können, dass die Abläufe im Haushalt oder beim Organisieren einer Veranstaltung besser aufeinander abgestimmt worden wären.

Die drei Mu betreffen grundsätzlich alle Bereiche, die für den Alltag und die Arbeit relevant sind. Dazu gehören:

- Mitarbeiter, beteiligte Personen
- Technik
- Methode und Strategie
- Zeit
- Werkzeuge, Vorrichtungen aller Art
- Bestände und Vorräte
- Material
- Arbeitsplatzorganisation
- Und viele andere

Wichtig ist an dieser Stelle, dass du dir vergegenwärtigst, dass es Verbesserungspotenzial an nahezu jeder Stelle gibt. Wenn du mit Verbesserungen beginnst, solltest du den Fokus zunächst auf die wichtigsten Bereiche lenken. Wo lohnt es sich am meisten, Ballast loszuwerden? Denke daran, dass Kaizen auf langsamen Schritten basiert. Es geht nicht darum, sofort alle Verlustquellen zu beseitigen, sondern langfristig zu lernen, auf die Quellen zu achten und kleine Schritte in eine bessere Richtung zu gehen.

Praxisübungen für den Transfer des Gelernten in den Führungsalltag

Bist du dir nicht sicher, ob der Transfer des hier Gelernten in den Führungsalltag gelingt? Dann nutze diese Übungen, um dies auszuprobieren. Rollenspiele sind eine gute Gelegenheit, die Theorie in die Praxis umzusetzen, ohne im Ernstfall zu landen. Probiere es beispielsweise mit einem Freund oder einem vertrauten Kollegen aus. Setzt euch hin und simuliert eine Situation, die im Berufsleben auftreten könnte. Es kann beispielsweise ein Mitarbeitergespräch sein oder eine Krisensituation, in der die Führung schnell eine Entscheidung treffen muss. Zu Beginn kannst du sanft einsteigen und dir Notizen für das Szenario machen. Wesentlich hilfreicher ist die Übung allerdings, wenn du von einer Vorbereitung absiehst. Bitte einen Freund darum, dir die Situation spontan zu erklären. Versuche dann, deine Rolle einzunehmen. An welche Details aus diesem Buch kannst du dich erinnern, die für die Situation hilfreich sind?

Das Rollenspiel ist eine häufig genutzte Strategie im sogenannten Assessment Center. Dort werden potenzielle Jobkandidaten geprüft. Ein Rollenspiel wird deshalb so gern genutzt, weil es häufig mehr über die Persönlichkeit einer Person zeigt als beispielsweise das Einzelinterview. In einer Rollenspielsituation musst du spontan reagieren. Du schlüpfst in eine nicht gewohnte

Rolle. Daher lassen sich hier die wahren Skills bestens beobachten. Personaler achten häufig auf folgende Qualitäten:

- Durchsetzungsvermögen
- Konfliktmanagement
- Kreativität
- Proaktivität
- Verhandlungsgeschick
- Einfühlungsvermögen
- Entscheidungsfähigkeit
- Problemlösungsfähigkeit

Situationen, die in solchen Rollenspielen häufig übernommen werden, sind beispielsweise

- das Mitarbeitergespräch,
- eine Budgetverhandlung,
- eine Kundenreklamation oder
- ein Verkaufsgespräch.

Derartige Szenarien solltest du ruhig mit einem Freund durchspielen. Auch, wenn du bereits die Leitung eines Teams innehast, kann es hilfreich sein, diese Situationen durchzuprobieren. Selbst Situationen, die für deine aktuelle Rolle nicht mehr gültig sind, können dabei helfen, bestimmte Qualitäten zu überprüfen. Inszeniere beispielsweise ein Verkaufsgespräch, das kann dir dein Verhandlungsgeschick aufzeigen. Dein Verhandlungsgeschick wirst du auch in vielen Situationen in deiner Führungsposition benötigen. Daher ist es durchaus sinnvoll, eine breite Vielfalt an Szenarien durchzuspielen.

Neben Rollenspielen sind auch Fallstudien bestens dazu geeignet, um den Transfer zu üben. Analysiere reale Führungsszenarien. So kannst du das Wissen in der Anwendung überprüfen. Versuche, zu analysieren, ob das theoretische Wissen, das du dir angeeignet hast, in der Praxis umgesetzt wird. Analysiere möglichst viele Details. Du kannst das als Außenstehender machen oder im Nachhinein eine Situation analysieren, in die du selbst involviert warst. So oder so vermittelt dir die Analyse eine gute Idee davon, ob das Theoriewissen in der Praxis eingesetzt wird. Entweder lernst du aus eigener Erfahrung oder aus der Analyse anderer Leute.

Fallstudien sind Problemstellungen, mit denen in der Regel Bewerber auch im Personalauswahlverfahren konfrontiert werden. Personaler testen damit die Eignung des Bewerbers für eine bestimmte Stelle. Genauso wie Rollenspiele haben aber auch Fallstudien eine Bedeutung für das Einarbeiten in eine neue Position. Fallstudien können sehr vielseitig sein. Du solltest dich ruhig mit einer breiten Vielfalt befassen. Dadurch kannst du deine Fähigkeiten und Kenntnisse auf den unterschiedlichsten Levels testen und erweitern.

Zu Beginn vieler Fallstudien entsteht häufig ein sogenannter Brainteaser. Dies ist eine knifflige Übung, die Kreativität erfordert.

Eine Fallstudie kann beispielsweise über den Mitgliederverlust einer Online-Plattform gestaltet werden. Nimm dir als Beispiel eine Dating-Plattform oder ein anderes Forum. Wie würdest du das Problem lösen? Bitte auch hier einen Freund darum, dir zu helfen. Zahlreiche Fallstudien drehen sich auch um die Expansion eines Unternehmens. Auch dies ist ein sehr gängiger Fall, der in der Praxis häufig vorkommt und mit zahlreichen Fragen und Problemen versehen ist. Für mehr Inspiration findest du viele ausführliche Fallstudien online. Befasse dich auch hier mit möglichst vielen diversen Szenarien. So kannst du die verschiedenen Fähigkeiten testen und erweitern. Verlust von Mitgliedern und finanziellen Ressourcen, Expansion, Etablierung von Tochterfirmen und Zusammenkünfte mit anderen Unternehmen können wichtige Themen für Fallstudien sein.

Nutze dein Potential!

An dieser Stelle möchten wir dir ein paar abschließende Worte mit auf den Weg geben. Du hast in diesem Buch einiges über das Potential, aber auch die Herausforderungen einer jungen Führungskraft gelernt. Die Position der Führungskraft ist immer eine Herausforderung. Das gilt in jedem Alter, egal, wie lange der Karriereweg schon geht. Selbst, wer bereits mehrere Führungspositionen innehatte, wird mit jeder neuen Position einer neuen Herausforderung gegenübergestellt. Schließlich ist jedes Team ein wenig anders. Gerade junge Führungskräfte stehen jedoch vor besonderen Schwierigkeiten. Einige dieser Schwierigkeiten lassen sich beispielsweise im Altersunterschied zu erfahrenen Kollegen oder auch in der Unerfahrenheit in der Praxis finden. Gleichzeitig hast du als junge Führungskraft auch eine Reihe besonderer Chancen. Und gerade auf diese Chancen solltest du dich stets konzentrieren.

Herausforderungen solltest du immer mutig entgegentreten. Die Konzentration auf die Chancen soll keinesfalls bedeuten, dass du Herausforderungen nicht annimmst oder gar nicht wahrhaben möchtest. Natürlich benötigst du immer einen Blick für die potenziellen Schwierigkeiten. Den eigentlichen Fokus darfst du jedoch gerne jederzeit auf die Chancen legen. Als junge Führungskraft hast du wahrscheinlich noch reichlich Energie und Motivation. Sicherlich sprudelt es in dir nur so vor innovativen Ideen. Du bringst neuen Wind in das Team oder das Unternehmen. Genau das ist mit deiner Einstellung wahrscheinlich vorgesehen. Du hast endlich das Potential, kreativ zu werden und dich zu entfalten. Nutze dieses Potential und die Motivation, die mit dem Anfang deines Karrierewegs kommt.

Gerade junge Führungskräfte sind häufig besonders flexibel und anpassungsfähig. Insbesondere in schwierigen Zeiten und in solchen, in denen die Gesellschaft einen Umschwung erlebt, ist dies besonders hilfreich. Flexibilität ist eine der wichtigsten Eigenschaften einer jeden Führungskraft. Gerade junge Menschen haben hier häufig einen Vorteil. Auch deine Unerfahrenheit darfst du als Chance in der Position wahrnehmen. Du bist sozusagen ein unbeschriebenes Blatt. Möglicherweise hast du noch nicht viele Erfahrungen im Bereich der Führungsposition sammeln können. Das bedeutet allerdings auch, dass du noch nicht mit sehr vielen negativen Erfahrungen oder Krisen konfrontiert wurdest. Das wiederum kann für eine positive Haltung durchaus förderlich sein. Du hast noch wenig Vorurteile und wenig schlechte Erfahrungen, die Sorgen oder Vorurteile auslösen könnten.

Versuche, dein eigenes Potenzial so gut es geht auszuschöpfen. Gleichzeitig solltest du stets darauf achten, das Potential deines Teams zu nutzen. Genauso wie du deine eigenen Stärken und Schwächen regelmäßig reflektieren solltest, ist es auch wichtig, auf dein Team zu achten. Wie verändern sich die jeweiligen Mitglieder und wie können sie in Zukunft bestmöglich gefordert und gefördert werden? Anfangs kann all das sehr überfordernd wirken. Du darfst dir doch sicher sein, dass dies mit der Zeit besser wird. Bleibe daher ruhig, motiviert und gehe deine nächsten Karriereschritte voller Selbstbewusstsein. In diesem Sinne: Viel Erfolg.

1. Auflage
Kontakt: Psiana eCom UG/ Berumer Str. 44/ 26844 Jemgum
Covergestaltung: Fenna Larsson
Coverfoto: depositphotos.com